简单的家

Simple Home

Calm spaces for comfortable living

[英]马克·贝利，[英]莎莉·贝利
——著
雯子
——译

新 星 出 版 社 NEW STAR PRESS

First published in the United Kingdom in 2017
under the title Simple Home by Ryland Peters & Small
20-21 Jockey's Fields
London WC1R 4BW

著作版权合同登记号：01-2019-4816

图书在版编目（CIP）数据

简单的家 /（英）马克 · 贝利，（英）莎莉 · 贝利著；雯子译 .
—北京：新星出版社，2020.9

ISBN 978-7-5133-4096-0

Ⅰ . ①简… Ⅱ . ①马… ②莎… ③雯… Ⅲ . ①住宅－室内装饰设计 Ⅳ . ① TU241

中国版本图书馆 CIP 数据核字（2020）第 130822 号

简单的家

［英］马克 · 贝利，［英］莎莉 · 贝利 著；雯子 译

策划编辑：东　洋
责任编辑：李夷白
责任校对：刘　义
责任印制：李珊珊
装帧设计：冷暖儿 unclezoo

出版发行：新星出版社
出 版 人：马汝军
社　　址：北京市西城区车公庄大街丙3号楼　100044
网　　址：www.newstarpress.com
电　　话：010-88310888
传　　真：010-65270449
法律顾问：北京市岳成律师事务所

读者服务：010-88310811　service@newstarpress.com
邮购地址：北京市西城区车公庄大街丙3号楼　100044

印　　刷：北京美图印务有限公司
开　　本：710mm × 1000mm　1/16
印　　张：10
字　　数：33千字
版　　次：2020年9月第一版　2020年9月第一次印刷
书　　号：ISBN 978-7-5133-4096-0
定　　价：108.00元

目录

CONTENTS

引言 INTRODUCTION

简单的家就是让一切简朴而实用——返璞归真，重新思忖美好的设计理念和被人遗忘的传统手艺，进而思考如何将它们运用于现代化的生活。在日趋复杂的时代，这样的生活令人心旷神怡。

简单的家并非必须棱角分明或者极度简朴，把小猫、小物件和小孩子拒之门外。正相反，打开舒适轻松生活的密钥，在于灵活多变的创意，让你可以像策展人那样悉心打理你的私人博物馆。

重新审视你所拥有的一切，只留下真正所爱之物。精心制作的物件可令每日生活更愉悦；比如用一把考究的木刷拂过楼梯，或者劳累一天后靠在亚麻沙发上休息。这些好物的制作传统，就是选用最佳的原材料，甚至亲手制作——哪怕手工制作要花上更多时间，也要确保成品可以经受时间的考验。用心设计、悉心打造的物品会绽放岁月之美。日常之物和那些代表着某人、某处及某段时光的珍爱之物，会让你的家变得独一无二。

简单的家还有另一种维度：从不完美中寻找美，在时间、使用过程和磨损带来的痕迹中发现美之所在。曾被主人喜爱呵护的旧家具足以经得起时间的考验，即便现在表面有划痕或污渍，也能呈现超越时光的美。所以，最好选择有历史的家具，不必是古董，而是被重新赋予生活价值和意义的旧物，或者是用旧部件打造的新家具。比起追求流行风格，这种自然质朴的家具更能带来家的感觉。

光，在家中扮演着化繁为简的重要角色——它可以让你的空间变得透彻、整洁、明亮和轻快。一个充满自然光的房间，会不经意地抓住人们的目光，并给人留下深刻的印象。甚至当人们对房间设施、家具和家饰的印象都模糊以后，仍然会记得房间里的光。如果背景平静而安详，光可以留下更好的印象。不要从流行色谱里挑选颜色，从大自然或绘画作品里汲取灵感选择家中配色吧。

上图　在两根装饰华丽的法式咖啡桌的桌腿上，放置一块薄大理石板作为桌面，桌上摆放水仙花和编织柳条托盘。

左页图　一间干净的白色房间里洒满阳光，两张简单的白色软垫椅子安静地并排而立。

如此一来，在简单的家中感受到的色彩也许有些朦胧而苍白，但是当家具收拾整齐，空间化繁为简时，这种颜色能够保持一种新鲜感。一旦把不需要的物品捐给慈善商店以后，你将把目光转向优雅的物品，而不是流水线上生产的丑陋的塑料盒子。富有创造力的想法，可以让家变得更美好。

此外，如果你遵从下面这个原则，就一定不会出错。美国杰出的建筑师、室内设计师、作家弗兰克·劳埃德·赖特（Frank Lloyd Wright）说：

“学习自然，热爱自然，与自然紧密相连，自然永远不会让你失望。”

上图　用传统物件做出不寻常的造型：旧的木质窗帘环用来放置复古亚麻餐巾。

下图　餐具整齐地收集在釉面罐中。随意摆放的几张明信片让坚硬的西西里大理石表面显得柔和起来。

安静角落的简单之处——一盏随意挂在钉子上的手工瓷灯和两把白蜡木曲木凳子。金属丝筐装满了可以带来清新芳香的干薰衣草枝。

上图 铜管做成的毛巾烘干架质朴而实用。海滩度假时捡到的鹅卵石穿成串，挂在一旁突显自然之美。

左页图 脚手架杆简单围成的床架，与随意挂在床头的手工纺织品和白色拼布毯子形成美妙的反差。地毯纹样与床品图案相得益彰。

哲学

PHILOSOPHY

颜 色

左图 一面饱经风霜的墙，露出每层不同的材质和微妙的颜色。铜绿色日水龙头展现出时光酝酿的色彩与质地。

右图 一摞靠垫和毯子，条纹图案的色彩朴素低调，但对比鲜明。

左页图 一组老地图，几张相片，凹凸起伏的墙壁和自然静物，都是为家增添一抹色彩的秘诀。

乍一看，简单的家似乎缺乏色彩，然而这能够以低调和自然的方式释放家中细微之处的美。色彩方案并不能照搬突发奇想的时尚潮流、色谱或者流行色规则。顺着这个思路，它应该体现个人审美，来自一两件你最喜欢的物品。简单的家主要由柔和的颜色互相衬托，使得周围一切都笼罩在一片安宁之中。想象着手作纸的颜色和质地，你将自然而然地为你的家找到完美的配色方案。

经典的中性色彩，例如柔和的乳白色、树皮米色、奶油象牙色、银灰色，可以充当完美的背景，使你的家拥有温和的色调，为跳脱的主色提供展示舞台。主色可能来自一幅你最中意的画作，一块带有生动印花的垫子，或者是一束插在农舍水壶里的鲜花。

刻意控制房间墙面的颜色，可以突出家的自然而真实的面貌——木纹交错的美丽地板和家具，起伏不平、坑坑洼洼的旧石板和瓷砖。物品的使用痕迹会带来独特的色调和纹理，中性色彩欢迎由它们为家所注入的温暖。

选择白色来粉刷墙壁并不是要创造极简主义配色那种刺眼而单调的

白。利用周围的物品可以轻而易举地软化这种生硬的视觉效果，比如自然染色的竹节亚麻布和厚实的手工编织毯，就比棱角分明的极简主义家具要好得多。自然光也扮演了重要角色，它为我们带来了世界上最美的白色。阳光透过窗户照进室内，色调变化无穷。想一想白色棉布床单在日光下晒干，在微风中摇曳的情景。白色和阳光是变化莫测的最佳拍档，白色随着时间而变化，就像大自然的色彩随着季节而变化。

与柔和的中性色搭配默契的颜色，大多混合了白色。回想在学校上美术课的时候，在调色板上混合颜料，无须其他任何颜色，只要加一点点白色，就能让颜色变得柔和。这些颜色带有一种布料褪色的感觉，就像被洗过几百次的毛绒玩具，即便和簇新的塑料娃娃摆在一起

左图 墙面美妙的纹理仿佛印象派作品中多云的天空。扶手椅松软的褶皱突出了微妙的蓝色色调。

右上图 艺术品是另一种能将点睛之彩引入家居的元素。

右下图 白色桌子的纹理展现出变化无穷的色调，一盘英国苹果又自然地增添了明亮的色彩。

右页图 自然褪色的丹宁罩布扶手椅看起来仿佛是乳白色墙边的最佳落脚点。洗旧的蓝色是红陶地板的完美搭档。

仍旧是小孩子的心头好；又像寒冬时节捧在手心的热牛奶，温暖人心。

在简单的家中不太容易找到大面积明亮夺目的颜色。意外的惊喜也许会不经意地出现在这里或者那里，有时候是刻意为之，有时候是妙手偶得，也许出现在画作的涂层中，也许是藏在靠垫或羊毛盖毯的细节里。大自然也是一个获取明亮色彩的好地方。想一想时间给颜色带来的变化，比如铜氧化以后，从闪亮的橘色变成柔和的铜绿色（自由女神像就是如此）。有时，自然也会呈现与生俱来的明亮色彩，例如亮橘色的秋叶，柠檬黄色的苹果，或者一束随意插在旧法式花器里的鲜花。这些小面积的亮色与大片的白垩色和浅灰色形成鲜明对比，更好地衬托出空间整体柔和的色调。自然色与亮色和谐搭配，为你和你的家带来舒适与幸福。

挑选颜色要从大自然中汲取灵感，而不是流行色谱。

上图 不寻常的拼布桌布上摆放一摞极简风格的盘子。一束干草让整体搭配变得柔和起来。

下图 磨损的公文包与锃亮的靴子构成简单的静物。

左页图 秋天生动的影子把大胆的颜色带到家中——无花果叶看起来简直是由生锈的钢制成的。

材　质

左图　未加装饰的风琴褶纸灯挂在软竹竿上，使微微倾斜的屋顶更加与众不同。

中图　这些钢制小酒馆椅子由斑驳的颜色拼凑而成，油漆被时间所蚕食，烙上岁月美丽的印记，而这种美不应该被人为掩盖。

右图　坚固的长凳靠在风化的墙上，可以看到令人惊叹的石头纹理。

左页图　这扇带黄铜把手的门，随使用而磨损，如实反映着木材的质地。

我们很少思考家到底是由什么材质组成的，只会在不经意间注意到它们：当我们的手抚过光滑的木质扶手时；当我们赤脚踩在凉爽的瓷砖地板上，跑去拾起从信箱投递口塞进屋的一摞信件时。但在简单的家中，一切恰恰相反。我们会注重展示建筑材料本身，而不是让它们被涂料或石膏掩盖。石地板和壁炉，裸砖块、旧瓦片、木地板、门板和房梁才是主角——尤其是带有柔和自然色彩的材料。以前，它们的本色往往被掩盖或粉饰；如今，是时候让它们恢复昔日风采，并揭示家的本质所在。

地板和墙壁组成了家的骨干。庆祝它们的落成，保持其本色，或者刮掉上面的涂料或石膏，露出它们的内在美。这是最诚实的“装修”方法，尽管看起来和装修背道而驰。让它们保持鲜活朴质的样子，可以展示这个家在你到来之前经历过什么，还可以展示这些古董材料是如何圆满地经受了时间和使用者的考验。

划痕、污迹、斑点、毛边、留在表面的钉子和针头，都是真材实料和工艺的标志，也是时间的标志，证明这些材料被精心使用和修补过，而不是被匆匆抛弃。木头和石头是耐磨、粗糙且坚韧的材料，但也有属

木头和石头是耐磨、粗糙且坚韧的材料。它们足以经受时间的考验。

于它们的弱点，需要悉心照料。它们被长期使用，便是被爱的证明，这也使它们由内散发出一种温暖宜人的光彩。

在家中使用现代材料，由此形成不同质地的意外组合，能让我们的家更赏心悦目。再生橡胶结实耐用，能承担家里最艰巨的任务。不锈钢和铝是容易被忽略的材料。它们有光泽，但又不会太过引人注目，同时可以与粗糙质地的材料形成完美对比。另一颗冉冉升起的“新星”是混凝土，如果你还记得 20 世纪 60 年代的粗野主义建筑（brutalist architecture）就不会感到惊讶。坚固耐用的浇筑混凝土，能为地板创造出惊人的表面。

在挑选家具的时候，要选择木质骨架的椅子；选择桌子时，要么选锥形细腿高桌，要么选加粗桌腿的矮桌，这样的效果比折中方案要好。另一个让人感到惊喜的材料是纸，例如纸灯笼或纸罩灯。其脆弱的天性与其他坚固的材料相映成趣。

左图 一个带金属支撑杆的简单木架子是一摞越南竹筛的家。铁丝上的小鸟增添了几分趣味。

右图 细颈底座、曲线别致的精美药瓶，插着线条流畅的枝条，将自然材料的细腻带入家中。

右页图 不同材质的容器装着可燃材料。铁丝筐是从公园的垃圾堆捡回来的。

上图 木材骄傲地展示着它的年纪和使用痕迹。无论如何，千万不要用涂料把它翻新。

下左图 一扇坚固的金属板制成的推拉门。用电气石刷过后，其光泽度降低，老化过程加速。

下右图 推拉门的近照展示了金属板是如何衔接的。精巧的纸质装饰物使工业风格背景变得柔和。

左页图 生锈的金属立柱、混凝土天花板与抛光地板、玻璃栏杆和光滑的橱柜门形成鲜明对比。

展示建筑材料本身，
而不是让它们被涂料或石膏掩盖。

安　宁

我们仿佛总在忙碌，围着一长串待办事项团团转。充斥在身边的噪声一刻不停，轰炸着我们的神经，让人越来越紧张。正因如此，我们的家要像令人安静放松的避风港一样。值得庆幸的是，如果按照简单的理念进行装饰，无须多虑，你的家便能具有安宁之感。

简单的家多采用柔和的配色方案，利用大面积的白色、蜂蜜棕色和银灰色，为创造这种宁静的田园风光做足了铺垫。这些养眼的柔和色彩就像轻声私语，与充斥在工作日的炫目色彩带来的喧嚣形成对比。选择相近的颜色构成家中的色调，能带来和谐的感觉，不会让人感到突兀。正相反，这样的色调让感官放松，四季光照变化与室内颜色相互作用，有时候让人感觉温暖如羔羊毛外套，有时候又让人在炎炎夏日感到冰爽。

从我们习以为常的小物件当中发现美之所在，让生活更有乐趣。一定要保证家中每一样物品都在你心里拥有一席之地。你最喜欢的事物，不论看起来多么不起眼，也应当物尽其用，而不是让它们徒做摆设。挑选书籍和绘画的时候，千万不要吝惜你的好品位；挑选日用品也是如此，例如盥洗室里一沓柔软蓬松的浴巾，盛着每日清晨第一杯咖啡的马克杯。

左图　雕塑纸灯挂在长竹竿上。

右图　简易壁炉上摆放着布里奇特·坦南特（Bridget Tennent）的手工瓷瓶。光透过有机玻璃照进来，增添了沉浸在房间里的平静感。

左页图　天然的形状和材质组成了家中舒适的角落。壁炉里旋涡状的树枝，又为家中增添了几分自然。

你最喜欢的事物，
不论看起来多么不起眼，
也应当物尽其用，
而不是让它们徒做摆设。

上图 这个房间依然以休闲、优雅为主题，柔软的沙发，简单的金属框架沙发床上堆满了小麦填充的柔顺靠垫和毯子。白色增添了安宁之感。

左图 维多利亚时代晚期的沙发床用简单的亚麻布重新装饰，为窗边提供了休息场所。精心摆放的桌子增添了精致优雅的气息，而裸露的水洗地板让房间保持低调。

本页图 纯色窗帘上印着法国作家和导演马塞尔·帕尼奥尔（Marcel Pagnol）的一句话，这使从大窗户照进来的阳光变得柔和，并营造了适合阅读的宁静感。自然弯曲的凳子上手工缠着厚厚的未染色麻线。

左页图 一架褪色的梯子靠在白色墙边，与摆在搁板上的陶艺师朱利安·斯泰尔（Julian Stair）的作品“浮地上的七只杯子”（Seven Cups on Floating Grounds）相得益彰。

用手工制作的物品作为家居装饰，能带给人舒适的感觉，它们需要时间打磨，这个过程使其更添娴静。

左图 将印刷品斜靠在墙上，而不是以传统的方式挂在墙上，能使房间的线条保持干净完整。

右图 精致的花朵与坚固的再生橡胶桶形成鲜明对比。

左页图 对称结构让这个空间具有完美的宁静之感，柔和的颜色和柔软的材质更增添了几分安详。

如此一来，哪怕是拉开抽屉这个简单的动作也能让你微笑起来，因为抽屉里可能有按照你喜欢的颜色排序叠放的毯子和床单，有一套质朴的日式茶具，或者一摞纯色餐盘和碗。

家中那些拥有使用痕迹的物品具有一种简单而永恒的美，让我们想到大自然，想起不忙碌的时光。坐在美丽的木地板上，仿佛把我们带回某个坐在公园树下的艳阳天。夏天在海边捡回家的鹅卵石和贝壳也有同样安抚人心的效果。用一两件手工制作的物品作为家居装饰，能带给人舒适的感觉，它们需要时间打磨，这个过程给人带来平静。规律的打扫习惯与合理的收纳方案可以让你的家保持干净、整洁和明亮。如此一来，你将会得到一个安宁的空间，并从家务琐事的烦扰中解放。这种方式同样适用于处理繁复的内饰，化繁为简。

有意识地创造属于自己的安宁绿洲。只需要找一个舒适的角落放置几个纯棉靠垫，或者在日光充足的房间摆放一张心仪的扶手椅，任纯色窗帘在微风中飘扬。这里是小坐片刻的完美之处，也是家中的美之所在。

上左图 零散的印章被妥善收纳在手工雕刻的埃塞俄比亚木盒子中，它之前可能是某种游戏道具。

上右图 圣雄甘地照看着一摞用印度原棉边角料手工书衣包裹着的书。

下图 旧的人台正好用来当作珠宝项链展架。

左页图 这些以植物枝条编成的盘子突出了手工艺品浑然天成的特点。

手工艺

千万不要把手工艺和手工制品与周日工艺品集市上卖的带花边的钩针编织茶壶罩混为一谈。现如今，人们把使用手工制品当作对无处不在的流水线产品的反抗。我们受够了一遍又一遍地在不同的家里看到同样的快消品。选用艺术家的手工制品是对个性、耐用性和简单之美的礼赞。

在简单的家中，每个房间都可以受到手工艺和手工制品的感染。形状大小各异的手工制品具有广泛的用途，从再生木地板制作的桌子到手工编织染色的纺织品，从手工陶器到用种子制作的精美首饰。这些物品不仅值得欣赏，更可供人使用或穿着，并从中感受审美的乐趣。这样的物品让我们的家变得独一无二。

上图 高品质手工艺的范例。由朱利安·斯泰尔制作的一系列无釉纯色陶瓷器皿和雕塑感十足的茶壶。中间的茶壶配有紫藤手柄。简约的色调和造型为这些美丽的陶器带来精致感。

下图 这些略微歪斜、高高低低、胖胖瘦瘦的瓷罐是由布里奇特·坦南特制作的。看起来就像巨石阵，具有一种纪念碑式的装饰风格。

选用艺术家的手工制品是对个性、耐用性和简单之美的礼赞。

我们购买手工艺品是出于对它们的喜爱，而不仅仅是因为它们价格便宜或者唾手可得。这在简单的家中极为重要。这些物品都是经过精心挑选，能让我们感到愉悦的东西。如此一来，在家中的每一天也会变得无比愉快。

手工制品是简单的家中最核心的部分。它们天生具有特殊性——缺陷、小毛病和某个特殊的破损恰好能揭示出它的制造过程，让它与随处可见的千篇一律的流水线产品区别开来。制作材料容易分辨，与大自然紧密相连：木头、玻璃、陶土和织物。很明显，在亲手制作物品时，人们投入了大量的思考、时间和对细节的关注，似乎给手工艺品注入了一种平静感，使这些物品别具吸引力，在人们使用它们的时候，能够感到愉悦。

手工制作的物品大多使用了千百年来传承的工艺技巧，将这些物品带进家门，也能让这些古老的工艺保持生命活力。如果留心观察那些多年前手工制作的老物件，你会发现时至今日它们依然很好用。也许你需要花些心思让它们重新焕发风采，但这么做一定物超所值。旧物件的触感比现代版同款好得多，某些部位可能格外光滑顺手，也许正是因为它的上一任主人经常握住这里。

一组朴素的陶瓷器皿。从左至右：中国制造的炻器杯，日本制造的炻器多面碗，韩国制造的敞口瓷盘，日本制造的炻器泡盛酒瓶和炻器碗，中国制造的炻器罐。

上左图 旧木板制作的一辆卡车模型巧妙地摆放在桌子上。木板天然的橙色和飘浮的气球增添了童趣。

上右图 这个粗糙的镀锌数字“2”之前可能是商店门口的装饰。

下图 包着印度棉拼布书衣的手工书籍。

左页左上图 这些礼帽雕塑都是用纸张以手工精心制作而成。

左页左中图 大理石壁炉上的朦胧画。

左页左下图 由克莱奥·穆齐（Cleo Muzzi）设计的一对马赛克陶瓷手。

左页右上图 铸铁星形墙板和木质印花块放在一起。

左页右下图 一对精致的手工纸翅膀。

不要依赖他人来完成自己的手工制品，重新拾起你从前的爱好，比如做手工卡片、编织和刺绣。

有些物品在现代社会失去了原来的用途，比如木质印刷字块，然而它们可以让我们想起数字化时代到来之前的时光，办事情需要多花些时间，生活没有现在这样忙碌。印刷字块很可爱，表面有磨损的痕迹，边缘有风干的墨水，带有特殊的艺术感染力，可以用于小规模手工印制卡片——花一些时间就能完成。

不要依赖他人来完成自己的手工制品，重新拾起你从前的爱好，比如做卡片、编织和刺绣；如果能找到合适的工具，也可以做做陶瓷。这些手工艺品早已摆脱了传统的形象。灵感迸发的当代工匠们（或者手艺人）已创造出了令人惊叹的物品。把时间投入在这些手艺上，比花大把时间看电视节目要有趣得多。

经典的 Ercol 温莎摇椅展示了其简洁的线条，摆放在一个从车间救出的磨损和划伤严重的抽屉柜旁边，看起来更显精致。灯罩是用法国奶油蛋卷的锡纸模子改制而成。

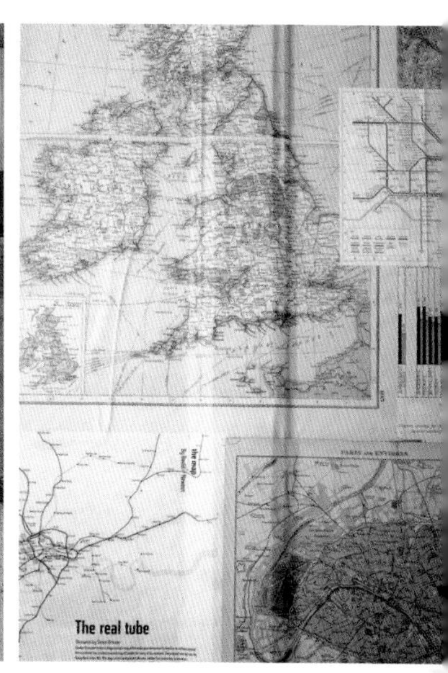

回收利用

我们都知道应该尽量将垃圾回收利用，仔细地将果酱罐、谷物包和报纸分类存放。现在，在购买家具时你也应该重新考虑一下拯救和回收利用旧物了，去跳蚤市场、集市、古董博览会和二手市场看看。人们扔掉了太多的东西，变废为宝的文化日渐式微。但别人的垃圾可能是你完美的桌子、椅子、存储柜，等等。要保持开放的心态，不要停止寻找，直到发现那些让你一见钟情的东西。也许你并不需要把它摆在家里才会爱上它，你更有可能从它的质地，涂层中闪现的一抹亮色，或高品质手艺的痕迹中发现它的美。如果你准备以不同的方式思考什么东西应该摆放在哪里，那么任何一件家具都可以在你的家里大放异彩。

毋庸置疑，旧家具会有瑕疵、划痕和缺陷，特别是从跳蚤市场发现的那种隐藏在垃圾堆里的东西。这些磨损痕迹应当被视为品质的象征，它们是岁月和个性的证明，与千篇一律的家具不同，在大规模量产的家具身上找不到这样的特征。有时候我们也需要适当修复旧物。不必对隐形修补大惊小怪，如果你找到一把舒适的椅子，但是表面破损了，那不妨在椅子上摆几个复古织物靠垫或手工拼布毯子。通过这种方式，我们可以隐藏小瑕疵，并创造出一个完美的地方，用来享受一大杯咖啡，读

左图 一个曲面木橱柜，曾经摆放在商店里“努力工作”，表面的油漆已经剥落，显得凹凸不平。它为锡卡车和印刷字块提供了展示空间。因为橱柜的抽屉很薄，摆放起来仿佛一个个画框。

中图 木质印刷块的精美细节。

右图 新旧地图循环利用，做成拼贴风格的壁纸。

一本好书。不要被外表迷惑，给户外家具一个机会，在室内重新使用它，它会感谢你的！风化的花园长凳是一个理想的座椅，摆放在厚实的木质厨房桌子边再合适不过。如果需要额外的座椅，一把曲面铁质椅子正好可以与其构成反差美。不要害怕用新旧物品做混搭；磨损褪色的家具看起来更有质感，能和光滑闪亮的不锈钢烤箱或冰箱形成对比，或者衬托最时髦的电视和音响设备。

富有创意的家，即使是破损的旧门也有其用途——试试把它作为一个别具一格的架子。如果你有一叠压箱底的明信片，就可以把古老的木门改造成精巧的展示架，它会非常适合展示那些明信片。地板和窗框拼凑起来可以做成漂亮的镜框或者画框。旧的法国奶油蛋卷罐或果冻模具可以变成独树一帜的灯罩，找一个电工来帮忙，就可以让你大吃一惊！一旦你抛开了先入为主的想法，学会

上图 一件由军用帆布包改制的夹克。

左图 用条纹西装改制成的拼布毯可遮盖旧椅子的瑕疵。

混搭装饰可以让你的家与众不同，并且舒适优雅。

在每件物品身上看到潜力，这个旧物改造清单就变得无穷无尽。

简单的家不会面临找不到合适的餐椅或餐具的压力。混搭装饰可以让你的家与众不同，并且舒适优雅。挑选你真正喜欢的东西，而不仅仅因为它与你桌子周围的另外五把椅子摆在一起很搭，或是和厨房抽屉里放着的叉子很配。

家具回收再利用的一个额外的优点是，你在使用这些家具时不必过于小心。它们已经很老了，只要你稍微打扫一下，照顾一下，关心一下，它们就能继续优雅地变老，不管你或你的家人用它做什么。

在跳蚤市场和古董市集，甚至在网上（有很多卖古董家具的好网站）挑选时，一定要谨慎。记住，简单是我们的信条。不要用太多的东西填满你的家，否则家里很快就变得难以控制，并且杂乱无章。改造旧物需要空间来充分展示它们美丽的瑕疵。精心放置一两件大物件，作为家中可圈可点之处，而小物件，如厨具、储物罐、旧手提箱或文具则让它们以安静而低调的优雅为你服务。

左图 用一个简单的白色亚麻布来遮盖椅子的磨损部位，但露出兽爪造型的椅腿，保留这把椅子独特的美。采用裸露的灯泡能避免灯罩产生的阴影，同时突显工业外观的落地灯的现代风格。

右图 来自普罗旺斯的古董亚麻布，使用天然植物染料重新染色，展现了旧物利用的多样性，因地制宜，满足所需。

记住，简单是我们的信条。
不要用太多的东西填满你的家，
否则家里很快就变得杂乱无章。

上图 仔细看，一扇旧门在这里被重新利用，成为摆放精选小说的书架。

中图 两个创造性回收利用的例子：一个旧的奶油蛋卷罐和一个超大的镀锌滤水厨具变成了巧妙而有趣的灯罩。

下图 一位室内设计师的栈桥桌被带回家中并制作成餐桌，搭配车站候车室长椅，变得无比优雅。

右页图 重新考虑如何使用物品会给你的家带来惊喜，比如图中的一排木勺钩。

舒　适

左图　拉开简洁的亚麻布窗帘，这间屋子便拥有充足的阳光。

右图　一对柔软的羽毛填充靠垫，使用了对比色的条纹外罩。

左页图　一张裹着宽松亚麻布的大沙发正对着裹着罕见深色亚麻布的切斯特菲尔德沙发。坚固的石头壁炉、燃木炉和康沃尔花岗岩地板，给房间带来经典舒适的质感。

你的家应该是一个宁静祥和的室内空间，让你可以坐下来放松身心，忘记一天的压力。每个人都有自己觉得最舒服的季节，但是无论一年中什么时候，坐在宽敞厚实、堆满了厚垫子的沙发上都不会错——要不要给壁炉生火全凭你的心情。

简单的家由不同元素组成：色彩、材质、手工艺品和回收旧物一起构成一个舒适、快乐的栖息地。一定要将它们混搭在一起，否则你的家可能会变得锋芒毕露，由于过度克制而单调乏味。

不论是家具还是建筑本身，天然材料在你的家中都应占据主导地位——石料、木材和砖块把自然从室外带进家中。这些材料能让我们想起在乡间的漫步，想起在金黄的秋叶间的彳亍，想起围在炉边的周日午餐聚会。细树枝、闪亮的七叶树、羽毛和鹅卵石，这些充满田园诗意的材料就像蕴藏无限能量的小宝藏，被注入了记忆，带给我们温暖，即便在阴雨天，也能令我们安然入眠。

柔和、自然的色彩令人联想到喝下大杯热巧克力的愉悦，可以给你的家增添一分轻松的感觉。以拥有天鹅绒质感的哑光涂料装饰你的家，

下图 各种材质、形状和尺寸的柔软靠垫让人想蜷缩在沙发上。质地厚重的针织靠垫给人以舒适感，其他几个靠垫则丰富了沙发上的色彩和图案。

左图 靠垫外罩是用旧亚麻茶巾制作而成的，明亮的霓虹色刺绣补丁为其带来一抹亮色。

右页图 褶皱纹理提升了织物的质感，为你的家带来轻松优雅的气氛。

右图 在这个紧凑的巴黎公寓里，柔软轻巧的褶皱布料包裹着一张堆满枕头的床，创造出一个舒适的区域。

左页上左图 夸张的缝线为这张厚实的沙发带来手工制作的舒适感。后面的粗织挂毯提供了另一种温暖的视觉效果。

左页上中图 埃及棉填充的雾灰色亚麻布地垫，提供了一处能令人休息片刻的场所。

左页上右图 架子上摆放着简单装饰的手工编织印度棉布。

左页下图 这件漂亮的手工编织印度亚麻布，带有部落花纹刺绣，从种植棉花到用手将其纺成不均匀的纱线，创造过程中的一切都体现出宁静而简单之美。

避免使用亮面的塑料质地的涂料或物品，因为那更适合医院的无菌候诊室。此外，丰富的对比纹理组合也能提升舒适感。

利用容易找到的实用布料作为沙发罩或桌布，比如把一大块经久耐磨的帆布盖在桌子上。搭配柔软的布料，以及经过反复洗涤而带有时光痕迹的纺织品。与回收家具一样，跳蚤市场淘到的复古织物会带给你温暖舒适的感觉。只要这些布料带有生活气息，那么边边角角的磨损都无伤大雅，反而更有自然的感觉。把纹理丰富的沙发和椅子摆放在壁炉周围，让它们取代电视的地位，成为客厅的主角。点燃壁炉，把厚实的手工编织毛毯盖在身上。这时候，你只需要一杯茶，或者一只轻轻打着呼噜的猫。喵！

L.&D.S
HIGH
ST
PHON
L.&D.SLO
Please Rinse

自然清洁

左图 一块华夫格花纹布和一把精心制作的木指甲刷，叠放在从旧墙壁中伸出来的水龙头上。

右图 认真清扫完漂亮的硬木地板后，木柄鬃毛扫帚靠墙而立。质朴的工具与精雕细刻的贵妃椅形成了鲜明对比。

左页图 不同型号的金属杆瓶刷放在老式牛奶瓶中，各种形状的瓶子都配有一把刷子。

干净整洁是你尊重一个家的标志。一个收拾得干干净净的房子可以完美地衬托出天然材料的特质，即使有瑕疵也依然优雅美丽。不可否认的是，清洁是一项日常琐事，但如果自己制作清洁产品，则可以减轻痛苦并改善环境。当你知道清洁柜里没有化学成分含量过高的东西时，会感到心安。使用称手的工具也能让人感到快乐，比如设计巧妙的榉木刷以及柔软的马鬃毛或鸵鸟毛掸子，使用这些工具的时候，打扫卫生也变得享受起来。

想要以干净、便宜又安全的方式打扫卫生，你仅需要了解下文的方法和一些基本成分：蒸馏白醋，碳酸氢钠（小苏打）和柠檬。这些材料加上一些你的勤劳汗水就可以把屋子打扫干净。

可以重复使用旧牙刷等物品，用来清洁难以触及的角落，还可以把旧棉衬衣或床单裁成方块作为抹布。记住要经常清洗或煮沸抹布进行消毒，这样你就不需要额外花钱添置吸尘器了。

蒸馏白醋有多种清洁用途，是一种有效的消毒剂和除臭剂，可以安全地使用于大多数表面（大理石除外），而且非常便宜。在浴室里可以

蜂蜡上光剂

蜂蜡上光剂是保持木材美观的最佳选择，也可以让老旧的木家具焕然一新。用等量的松节油和蜂蜡，以及一个有盖子的广口果酱罐，就可以自己制作一罐蜂蜡上光剂。你还可以在罐子里加几滴自己最喜欢的精油。

你可以询问当地的蜜蜂养殖机构来获取购买蜂蜡的建议。松节油应该可以从艺术商店或五金店买到。请确保购买的是真正的松节油，而不是某些替代产品。

制作蜂蜡上光剂最简单的方法是将两种配料在果酱罐中混合，拧上盖子，在温暖的地方放几天，蜂蜡最终会溶解在松节油中。

如果你着急给家具上蜡，也可以先把蜂蜡融化来加速制作过程。如果这样做，需要非常小心。用融化巧克力的方法来融化蜡——把装蜡的容器放在一锅热水上。同时准备一条湿毛巾，以备不时之需。

用布或软刷蘸取蜂蜡上光剂，静置 20 分钟，然后抛光家具。每次不需要使用太多就可以让家具持续一段时间的光亮清洁。

用它来清洗浴缸、淋浴喷头、马桶、水槽和水龙头。

要去除淋浴喷头周围的水垢，可以用平底锅加热白醋，在碗中盛满热醋，将喷头浸泡不超过一小时。然后，用旧牙刷把喷头上的水垢刷掉。最后再冲个澡把喷头上多余的醋冲掉。

要去除水龙头上的水垢，可以先用纸巾包住水龙头底部水垢集中的部分，将热醋倒在纸巾上，直到纸巾被热醋浸透。静置大约一个小时，然后彻底冲洗并擦亮。

醋在厨房里也能创造奇迹——可以用来清洁各种物品表面和容器。除了具有清洁能力外，醋还可以消除烹饪后残留的气味——只需把醋加入水中，在锅中煮 5 分钟。用一份醋和三份

上图 蜂蜡很容易在家中制作，是最优质的上光剂，可以使木材呈现最好的状态。

下图 一把鸵鸟毛掸子挂在外侧，墙上还挂着各种各样的金属丝网食物罩和托盘，以及一只巨大的漏勺。这些物品的使用痕迹说明了日常清洁的重要性。

从左到右：老式软毛刷；羊毛软毛除尘刷，极软的刷头用于精细除尘；马鬃刷；结实的不锈钢簸箕；老式檐口刷；旧的栏杆刷，用于清洁非常高的地方；雕塑风格的橱柜刷和鸵鸟毛掸子。

家具抛光剂

这种完美的日常清洁剂只需用家中常备的原料手工制成。

将柠檬汁（一颗柠檬）和一茶匙橄榄油（普通橄榄油就足够了，高级纯天然橄榄油留在拌沙拉的时候再用）和一茶匙水混合在一起。柠檬能清除各种油腻的污垢，散发出清新的香味；橄榄油能滋润木材并给其抛光。

这种抛光剂需要使用新鲜的，每次现做现用。

温水混合，能让玻璃变得干净闪亮：把旧的纯棉茶巾在溶液中浸湿后擦拭玻璃，最后再用揉皱的报纸将玻璃擦亮。

清扫浴室和厨房可以使用小苏打。在湿布上撒一些小苏打可以清洁浴室和厨房的台面。清洁烤箱可以用等份盐、小苏打和水制成糊状物，涂在烤箱壁上，静置一段时间（最好隔夜），然后擦干净。小苏打还可以作为除臭剂使用，在冰箱里放一个装有小苏打的盒子就能除去异味。

此外，柠檬汁也是清洁军团中的“万金油”。家具上光剂的配方中会用到柠檬，柠檬还可以与小苏打混合，制成清洁膏。

通过使用天然原料，我们可以避免浪费并节约成本，还可以减少房间中的有害化学物质。

亚麻水

睡在刚洗过的床单上是生活中最简单的快乐，如果喷上芳香柔和的亚麻水，可以让这种快乐加倍。亚麻水制作简便，还可以添加你喜欢的精油让梦变得更香甜。

需要准备 90 毫升的高醇度伏特加（最好是 80 度以上，确保是没有调味的伏特加），750 毫升蒸馏水（要使用纯水，从大多数杂货店或五金店都可以买到），一茶匙精油（薰衣草精油具有助眠效果，所以比较受欢迎）。

将原料倒入干燥洁净的玻璃瓶或塑料瓶中，最好使用带有喷嘴的盖子。扣上盖子，将油和酒混合摇匀（伏特加使油乳化形成均匀的混合溶液）。每次使用前摇匀。

上图 一排简单的条纹亚麻茶巾挂在 S 形吊钩上，方便随时取用。

下图 一把小小的古董刺绣纹路剪刀挂在一叠干净的白色亚麻布上方。

左页图 亚麻水可以用一种令人意想不到的常见原料自己在家制作，这种原料就是伏特加（如果你喜欢喝伏特加的话，酒柜里一定常备）！只需混合伏特加与蒸馏水，再加入你最喜欢的精油，就可以在熨烫床单的时候闻到香味。

家　具

左图　一对手工制作的竹椅并排摆放在墙面斑驳的走廊里。

右图　摆放在床头的厚实的殖民地风格（colanial-looking）椅子，坚固的包豪斯式框架棱角分明。

左页图　结实的木椅可以当作休闲桌使用，在椅子上摆放着装满宝藏的漆盒。清新自然的白色木板墙与家具形成对比，使人眼前一亮。

家具令你的家拥有不同的功能，它可以为人们提供做客、吃饭、睡觉、工作或休息的地方，同时还可以提供其他重要的服务，比如帮你收纳洗衣粉和书籍。精心挑选的家具为你的家增添了色彩和细节，不同材质和花纹的家具与地板和墙壁交相辉映，使你的家变得多姿多彩。

从旧货市场、古董店和跳蚤市场回收的家具通常最能体现简单的家居风格。尽量挑选功能完好的家具，或者至少是通过简单修补便能焕然一新的旧物。

要记住，对于在哪里使用什么样的家具，一定要保持开放的心态，同时也要有主见，不要为了简单而简单，也不要一味地用各种家具填满它。让大量光线照进屋子，让阳光洒在家具周围，这种做法非常巧妙，适合简单的家具和简约的家居风格，不论是长腿金属吧台凳还是带玻璃门的医疗橱柜，都能和阳光融为一体。

有时候，人们把矮胖的和瘦高的家具摆放在一起，突出两者的对比，创造完美的搭配。同样的道理，如果你选择了一件存在感比较强的家具，那就让它成为整个空间的主角，在它周围搭配低调的物品。如果旧物件的边缘破损了，不妨顺其自然，残缺之处也会散发出永恒的美丽，比修复成焕然一新的模样要优雅得多。

桌子是人们聚在一起吃饭、看报或者围着一壶新鲜的咖啡聊天的地方，所以尽量在家里摆一张大桌子。选择坚固结实的桌子来经受生活的严酷考验，不论是手舞足蹈的时候打翻红酒还是留下手印，都不会令你在打扫它的时候提心吊胆。

如果找不到一张足够大的桌子，那就找两张桌子组合在一起，就算它们看上去不太搭配也没有关系。长木餐桌是永恒的经典。如果桌腿用久了变得摇晃，可以换成对比强烈的金属桌腿。如果你的空间不宽敞，可以考虑圆形咖啡桌或者花园桌，它们都是不错的选择。

椅子是家具世界中的社交达人，所以只管把它们扎堆摆放在一起吧。各种各样的椅子都能很好地互相搭配。

有的椅子仿佛无时无刻不在炫耀自己坐起来有多舒适。略微磨损的坐垫和扶手是椅子的舒适度防伪标签，因为一定是人们一遍又一遍地坐在上面才会留下磨损的痕迹。决定一把椅子是否适合自己，一定要坐下来试一试，如果合适的话，哪怕需要用油漆或薄垫子来掩盖椅子的舒适度防伪标签，也是值得的。结实耐磨的布料是居家生活的理想选择，把帆布或坚质条纹棉布盖在沙发上或者做成椅罩和靠垫罩，既美观又实用。

此时此刻，摆放在你家中的椅子，也许曾经在各种空间里发挥过不同的作用。

椅子是家具世界中的社交达人，所以只管把它们扎堆摆放在一起吧。各种各样的椅子都能很好地互相搭配。

上图 不同质地的物品在这里各司其职：玻璃门古董柜放在一个旧木板改造的箱子上，木墩用来当作简单的矮桌。

素色的亚麻椅罩将三把样式不同的古董椅组合起来。双人座椅和传统蝴蝶桌的装饰感与宽敞的壁炉空间相平衡。

JOHN KNIGHT'S
FAMILY HEALTH
SOAP
Protects-Disinfects

左图 花架从寒冷的盆栽棚被搬进屋子里，上面摆放着玻璃蛋糕盘。架子粗糙的边缘和剥落的油漆衬托出玻璃的易碎性。

右上图 婴儿房里摆着一个曾经用来放罐子的印度木架，现在上面放着再生纸做的废纸篓，纸篓里塞满了五颜六色的动物玩具。

右下图 金属框架的工厂手推车可以为厨房提供丰富的储物空间，每一寸空间都能被利用，用钩子还可以挂上烤箱手套。

左页图 不要小看架子的作用！从鞋厂的清仓拍卖淘回来的带轮架，上面整齐地摆放着装满资料的再生纸箱和文件夹。

木质教堂长凳、教堂椅和花园长椅都非常适合摆放在厨房餐桌周围招待朋友聚餐。电影院座椅、咖啡椅或实验室木凳都可以在家中扮演新角色。当然，不要错过那些经典的作品——如果你幸运地遇到了 20 世纪 50 年代的珍宝，比如厄内斯特・雷斯设计的羚羊椅[1]，或者哈里・贝尔托亚为诺尔公司设计制作的钻石椅[2]，一定要毫不犹豫地买下来。

沙发是极为重要的家具，哪怕要额外花点钱也非常值得投资。按照非官方的沙发选购标准来说，一张好沙发不仅能让你在上面舒展筋骨，还能让你和朋友们一边看着经典电影，一边度过下午时光。

---

1. 厄内斯特・雷斯（Ernest Race，1913—1964），英国皇家工业设计师。1950 年雷斯为英国皇家庆典的露天平台会场设计的羚羊椅（Antelope Chair）在二战后重建时期的条件限制下，既满足了英国政府及人民对家具的使用需求，又满足了人们对家具的审美需求。椅子的腿部被四个圆球体支撑着，反映了当时原子物理和粒子化学对设计的影响。（译注，下同）
2. 哈里・贝尔托亚（Harry Bertoia，1915—1978），意大利著名艺术家、雕塑家和家具设计师。贝尔托亚设计的椅子多由网状钢线构成，轻盈而美观，其中最著名的是 1952 年的钻石椅（Diamond Chair, 421LU）。

本页图 圆角方形的银色皮墩和金属框架床，使这个纯净又有趣的角落成为供人们休息的空间。

右页图 经典的椅子摆在哪里都合适。比如，这个空间里有一把骨感的钻石椅和一把长腿椅并排摆放在堆满宝贝的桌子旁，桌上的18 世纪法国古董镜子默默地注视着它们。室内光源是悬挂在一根打结的长绳下的灯泡。

左图 一张厚实的不锈钢台面巧妙地连接在垂直于天花板的钢立柱上，这样不仅能充分利用空间，还能与从工厂淘来的工业风椅子相互映衬。

右图 磨砂木质桌面配上弯曲的钢制桌腿，给这张非正规餐桌带来雕塑般的立体感，同时衬托了画框般的超大型克瑞塔尔牌（Crittall）钢窗。

左页图 在阳光充足的厨房里，一张超长的餐桌漆面斑驳，体现了岁月之美。两排简单的木长椅为饥肠辘辘的食客提供了充足的座位。

除了沙发，你还需要舒服的靠垫和伸手就能够到的咖啡桌，哪怕不是真正的桌子也可以，把布朗·贝蒂茶壶[1]和装满巧克力饼干的盘子摆在一个锡质箱子上，就变成了一个完美的咖啡桌。购买全新的沙发是明智之举，商店里有各种款式可供挑选。如果选择真正的古董沙发，在你坐下读报纸的时候，没准会有从哪里冒出的锐物戳痛你的屁股！不过，皮革沙发在变旧的过程中依然能保持优雅美丽，给你的家带来一种老派的精致感。如果遇到价格合适但是有几处磨损略微明显的皮沙发，只需用舒适的毯子稍加遮盖，便足以隐藏瑕疵。

在选购家具时，架子往往被忽略，实际上，架子的款式多种多样。如果发现工厂有清仓甩卖的货架，一定不要错失良机。轻便的木架是家

1. 布朗·贝蒂茶壶（Brown Betty teapot）起源于17世纪的英国，是一种圆形、壶盖深卧的茶壶，用名为罗金汉姆釉（Rockingham glaze）的锰褐色釉装饰。

精心挑选的家具能够为家中增添色彩与细节，营造不同材质交相辉映的美丽。

中所有房间的理想选择。木架可以收纳各种物品，从书房里整齐地贴着标签的文具盒到厨房里成堆的杯子和盘子，或者儿童房里数不清的毛绒玩具。更好的一点是，木架通常都带有轮子，使用起来方便灵活。此外，也可以找木匠朋友来帮忙用废弃的木头制作固定木架，风化的铁路枕木或再生木材都是不错的选择。

若要问什么家具能把各种纸袋或环保帆布购物袋（我知道你一定有很多）收纳妥当，答案就是独立的储物柜。你的想象力不要被储物柜以前的使用场所限制。曾经光鲜的衣柜和抽屉柜，可能要面临厨房收纳的挑战。过去用来存放锤子和钉子的工具柜，尽管表面布满粗糙斑驳的使用痕迹，但是在优雅的新环境中也能显得安然自得。

左图 这件 19 世纪的玻璃梳妆台是在普罗旺斯的一家古董店发现的。梳妆台下方的抽屉提供了充足的储物空间，表面的蓝色油漆已经斑驳褪色，散发出古朴的韵味，与气派的大理石雕花壁炉相得益彰。

右图 这件表面带着磨损痕迹的 19 世纪法国古董衣橱具有迷人的古典气质。铺盖在椅子上的宽松亚麻布和叠放在桌上的桌布为房间增添了轻松的气氛。

似乎有人想用油漆把木质碗柜上美丽的磨损痕迹遮住，刷了两下之后，突然意识到这是在画蛇添足。碗柜上摆放着精心挑选的线条优美的贝壳形瓷器。

私人博物馆

左图 超长的花枝插在一组大小各异的旧柠檬水瓶中，简单地排列在台阶上，凸显出开放式楼梯的特色。

右图 在这个拥有浓烈艺术气息的角落，摆放着木质印章，超大开本地图集和粗犷的办公室旧风扇。米其林玩具默默地注视着这一切。

左页图 家中的任何地方都可以成为你的私人画廊。在这里，楼梯井成为展示藏品的空间。磨损的瓷砖和风化的木板与白色的台阶和灰色的垫子形成鲜明对比，同时整体色调保持平衡。

打造简单的家，最有趣的部分就是像策展人一样把自己收藏的艺术品、淘到的小宝贝或旅行纪念品展示出来。

简单的生活方式并不意味着不能收藏心爱之物。你要把自己想象成博物馆或美术馆策展人，而家就是你的私人博物馆。抱着这样的心态来布置你的家，家居物品就会像展品一样历久弥新，而不会随着时光流逝变成一堆破铜烂铁。在现实世界中，博物馆和画廊的策展人负责搜罗和保管展品；在你的家里，这个原则同样适用。幸运的是，打造你的私人博物馆比现实中的博物馆策展工作要轻松很多，选购藏品也更加随性，任何东西都可以成为你的藏品，甚至在二手商店发现喜欢的东西也可以立刻收藏进来。

可以从一两张明信片开始，把家中的藏品分门别类地进行整理。木质印章、旧罐头或其他古怪的老式包装盒、玩偶，甚至打字机都可能引起你的注意。风化的木头块、漂亮的羽毛，在郊区游玩时捡到的动物骨头碎片，在海边度假时收集的贝壳，都是承载了美好回忆的特别收藏，与简单的家中自然又温暖的风格相称，更重要的是，它们不必花钱购买！

a little book of
MOTHS
SIX SPOT BURNET
GARDEN TIGER
GHOST
LARGE YELLOW UNDERWING
MAGPIE
DEATH'S HEAD HAWK
CINNABAR
HUMMING BIRD HAWK
ELEPHANT HAWK
OAK EGGAR
EMPEROR
GOAT
KENTISH GLORY
PRIVET HAWK
RED UNDERWING

本页图 把风格迥异的东西放在一起可以创造出令人意想不到的静物装饰。风干叶片的脆弱突出了这几件古董银器的永恒与优雅。

左页图 艺术家约翰·迪尔诺（John Dilnot）创作的关于飞蛾和蝴蝶的可爱小册子与干燥的蕨类植物标本搭配在一起。

环顾四周——你可能已经有了一定数量的藏品，却没有意识到。你需要做的只是把物品分门别类。

研究布展策略是策展人的重要工作之一。在家中，好的装饰方案可以将各种物品的潜力激发出来，变成独一无二的宝贝。制定一个主题并坚持按照它进行家居布置，但这并不意味着一成不变，否则会让人审美疲劳。假如泰特美术馆的展览永远不变，人们也不会反复参观。仔细研究你所拥有的一切，考虑好如何将不同质感、颜色和材料的物品进行搭配，打造适合你和你家的特殊风格。

一旦定好主题，下一步就是考虑如何展示你的藏品。你可以把喜欢的物品重新排列组合，同时让它们保持干净整洁。可以把小物件放在圆顶玻璃罩、钟形罩，甚至是玻璃蛋糕罩子里摆成一排进行展示。这样不管你的藏品本身有多么不协调，都会产生和谐有序的视觉效果。

左图 形状迥异的陶罐、花瓶和瓷碗等藏品与平装书自然而然地摆放在一起。不论是精心设计还是浑然天成，陶器与书的巧妙组合都为这个角落营造出了完美的色调。

中图 各种形状大小的罐子和斜靠墙壁的黑白图片陈列在普通的木架上。其中有一只罐子的釉面看起来像是用湿黏土做成的。一个大弹簧摆设使架子整体线条感增强，反映了艺术作品的主题和风格。

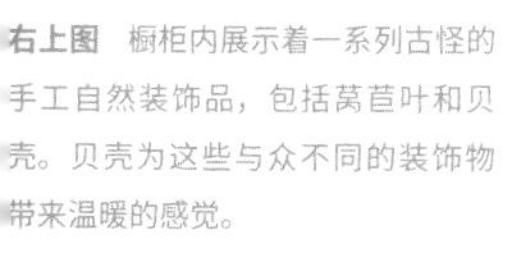

右上图 橱柜内展示着一系列古怪的手工自然装饰品，包括莴苣叶和贝壳。贝壳为这些与众不同的装饰物带来温暖的感觉。

右下图 一堆摇摇欲坠的厨具、照片、明信片和一个麦克道格斯牌面粉玩具（McDougalls flour man）被精心地摆放在窄钢架和工厂废弃的手推车上。黑色和白色是这里的主要色调。

本页图 这张桌子上聚集了一组有趣的物品——昆虫画、蜡烛、一盏破碎的陶瓷灯、一个石膏半身像和一个iPod，而这一切都被深色油画中的人尽收眼底。

右页上左图 金属架子上陈列着一排排旧木鞋楦。

右页上中图 压制成干花的海藻和叶子镶上画框挂在粗糙的墙上，其纹理与墙面的青苔相互呼应。

右页上右图 各式维多利亚时期的镜子，雾蒙蒙的镜面反射着柔和的光。一对优美的雕刻羽翼在上方默默守护着它们。

右页下左图 旧箱子和伦敦巴士线路指示牌创造了一个旅行主题的空间。灯罩是用奶油蛋糕模具制作的，挂在墙上的椅子正等待着客人到来。

右页下右图 旧的食品贮藏箱和保险箱用来存放玩具。20 世纪 50 年代的公交车木座上放着印花靠垫。

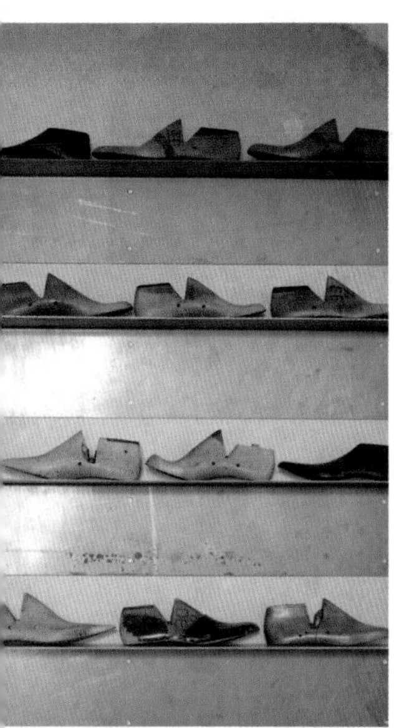

LION
ZOO
BRUNEL
ROAD
DUCANE
ROAD
BROOK GREEN
HOTEL
BRIDGE
ROAD
POLICE
STATION
EARL
SPENCER
BESSBOROUGH
ROAD
HORN
LANE
BROMYARD
AVENUE
SHOPPING
CENTRE
ANNESLEY
AVENUE

带有玻璃门的药柜非常适合收纳。我们可以把所有的东西都收入柜子，而不是随意乱放。通常这种柜子是能上锁的，可以给收藏品带来一种神秘感，仿佛把普通的柜子变成了文艺复兴风格的古董柜。镶玻璃的木箱也值得关注，它们非常适合用来打造私人博物馆，你可以像美国超现实主义艺术家约瑟夫·康奈尔（Joseph Cornell）那样，把日常物品变成神奇的迷你艺术品收藏。不论是放在玻璃罩下还是摆在陈列柜里的物品都很重要。布置家居的方法和炼金术有异曲同工之妙，我们将两件物品摆放在一起，让它们产生奇妙的化学反应，为家带来与众不同的感受。

作为家庭策展人，深思熟虑后再挑选家具和艺术品更具有挑战性，也可以给你更多的自由。

桌子上摆放的玻璃钟形罩、海藻画和棕色药瓶创造出一种医学氛围。白色作为主色调更加强了这种感觉，不过旧的黑白明信片和陶瓷器皿为画面增添了几分温柔。

各种镀银的酒店厨具摆放在一张复古匈牙利亚麻桌布上。银器的光泽与厚重的黑色印度石碗形成了鲜明的对比。壁龛中摆放了三只水银玻璃花瓶。精致的挂饰由薄瓷片制成。

零散的镀银餐具让人感觉这个厨房的架子上藏着奇珍异宝。确实，这里收纳着一只老式苏打虹吸壶和鸡尾酒摇酒器。

STOCKMAN
STOCKMAN
PARIS
OCEAN
INDIEN

你只需把自己想象成博物馆或美术馆的策展人，以非常个人的视角去审视你的家。

左图 摆在一起的星形装饰物。

中图 抛光的南美棕榈树种子为这面镜子带来一种柔软的、羽毛般的质感。

右图 印刷木块拼出了最重要的主题（SIMPLE HOME——简单的家）！

左页上左图 安装在墙上的电路板本身就是一件艺术品。看到这样的画面时，人们可以欣赏其中复杂的细节。画框和绘画作品自然地靠在一把造型优美的木椅旁，提升了空间的艺术氛围。

左页上右图 裁缝使用的旧人台变成了静物装饰。一摞旧棉布衬衫堆在人台旁边。

左页下左图 古典风格的地球仪摆放在一个造型别致的木质底座上。

左页下中图 剧院的旧聚光灯正准备照亮一场深夜开赛的桌上足球。

左页下右图 桌上足球近景。

艺术品或照片并不一定总要镶框挂在墙上。你可以随意把几件单品靠墙而放，或者摆在桌面和地板上，营造一种更轻松的感觉。如果遇见一件心仪的艺术品，但它却被禁锢在你不喜欢的框架里，你只需把它从旧框架中解放出来，装在一块合适的木板上，或别在精致的夹子上，用绳子挂起来。如果你仍想把镶框艺术品挂在墙上，最好找一组小巧、活泼的物件，让它们在墙上可以互相映衬。

请记住，博物馆通常只拿出一小部分藏品对外展示，打造一个简单而整洁的家也是如此，不必一股脑儿地把所有东西都摆出来。作为家庭策展人，深思熟虑后再挑选家具和艺术品更具有挑战性，也可以给你更多的自由。把你珍爱的藏品放入盒子、瓦楞纸箱或包在纸巾中妥善保存。如果担心老化问题，可以使用无酸纸巾或透明档案夹存放，在专业的艺术商店就能买到。你可以根据自己的心情调整藏品的展出顺序，让你的家常看常新。这会带给你无穷的乐趣。但无论你选择展示什么，不循规蹈矩的物品总能吸引别人的注意，带来意料之外的快乐。

归根结底，即使是平凡的家居物品，只要设计得当并妥善收纳，都可以变成轻奢风格的装饰物。包装精美的物品适合摆在开放式置物架上，以便我们从各个角度欣赏它的美。包装不够精致的物品，适合放在玻璃罩里进行展示。收拾书柜的时候，与其按字母顺序排列你的书，不如把它们重新排列成彩色的波浪。家是你的博物馆，只要你开心就好！

空间

SPACES

玄关与走廊

我们都希望给人留下好印象，你的家也一样。蹚过成堆的报纸和垃圾信件，或是被乱放的鞋子绊倒，都会给你的客人留下不好的印象。

你需要花些心思来布置玄关和走廊。把帽子、外套、围巾和袋子挂起来，免得它们散落在地板上挡路。挂钩不必那么传统，还有很多独特的样式可以选择。如果想要更有创意，各种实验性的方法都值得一试。比如你可以用一排木勺或者一些粗树枝做挂钩。另外，迈克尔·索耐特（Micheal Thonet）为维也纳多姆咖啡厅（Café Daum）设计的经典曲线衣架，很好地解决了咖啡厅里“我的外套放哪里”的窘境，你为什么不也尝试一下呢？如果有空间的话，还可以安置一个书架用来放钥匙和那些你在慌忙之中很难找到的东西。假如你很幸运，

上图 这样一个充实的玄关会将你直接带入厨房里的繁重工作。放置备用的篮子以便收纳更多的水果蔬菜。

下左图 大门的玻璃板使光线充满了整个走廊。白色的地板使阳光更显温暖明媚。

下右图 门口的墙壁涂上了柔和的灰色，给人一种深沉的空间感。几何线条为瓷砖增添了几分生动。

左页图 挂在缆线上的纯织物面料，为狭窄的石头地板入口带来了几分柔和。工业墙灯增加了材质的对比度。

门口还有额外空间的话，放一把小椅子在这里，穿鞋的时候会方便许多。在走廊或者房间之间的空白墙上挂一块黑板，是你获取重要信息和提醒自己的理想方法。

玄关和走廊的空间最好有充足的光线。很显然，玻璃门廊是个很好的点子，只需注意使用安全玻璃或是夹层玻璃。但是如果走廊入口很狭窄，使用少量的玻璃，也能起到很大的作用。如果担心邻居的闲言碎语，那就选一块蚀刻的或者不透明的玻璃，好好利用的话也能发挥精妙的装饰效果。选择单色调搭配组合能让玄关和走廊看起来更宽敞。（就像穿与裤子同色的鞋会让腿看起来更长！）把墙壁和地板涂成浅色，反光会让它们看起来像无缝衔接在一起一样。

如果你的门厅恰巧继承了美丽的维多利亚时代地砖，不要轻易将它们丢弃。尽管在简单的室内设计中，它们可能显得过于艳丽生动，

上图 对比鲜明的白色木板楼梯通向自然色的走廊；栏杆做了夏克风格[1]的心形镂空设计。放置一把木架椅为系鞋带提供了方便场所。

下左图 美丽的锯木板顺应楼梯的曲线，在拐角处蜿蜒着领你上楼。

下右图 楼梯的中间部分经过多年使用出现了磨损，它的坚实与壁纸的轻灵形成了鲜明的对比。

1. 夏克风格：19 世纪由美国夏克教徒（Shaker，基督教派之一）发展起来的一种简约质朴、细节精致的乡村家具风格。夏克教徒倡导自给自足的生活，他们制作的家具形式简单，结构坚固，多为木制，着重实用。

狗狗守护着这个家（尽管它看起来并不凶）。黑板的布置提供了很好的留言空间。几个装满鹅卵石和贝壳的玻璃瓶，让人想起了海滩的欢乐时光。

从粗制石头地板到釉面地板，这间法式公寓的一系列连通式房间展示了地板的不同功能。

但是如果你能使其他摆设尽可能保持简单和整洁，这些地砖会帮你的家创造一个完美的第一印象，这也忠于了它的历史。维多利亚时代的地砖通常都由坚固耐用的陶瓷制成，但也可能已经遭受数百年的磨损。如果真是这样，就需要你费点力气来清洁它们。要避免使用腐蚀性强的化学物质清洁，不然会加重它们的磨损。你可以制作天然的清洁剂，用碳酸氢钠（小苏打）或者白醋做原料。不要把瓷砖弄湿，用给高级平底锅用的那种无痕清洗器来擦拭它们。更详细的提示和步骤，请阅读前文自然清洁章节。

单色调会让玄关和走廊看起来更宽敞。

上图 光滑的白色地板将房间与房间无缝连接在一起。走廊墙壁的下半部分被漆成黑色，与单色的厨房相映衬。

下左图 美丽的法式镶木地板，经典的人字形花纹是这间巴黎公寓的特色，这个纹样出自建筑师安吉·林德（Anki Linde）和皮埃尔·萨尔伯格（Pierre Saalburg）之手。

下右图 猫从洗衣房门后偷偷看我们。磨砂地板有助于提升走廊的亮度。

厨房与餐厅

左图 布满裂纹的旧瓷砖起到了防溅作用，和光洁的混合式水龙头形成了鲜明的对比。

右图 格子亚麻布为货架增添了一分色彩。

左页图 一个宽敞的落地餐具橱空间充足，摆满了奶油壶、纯白色盘子、摇摇晃晃的醒酒器和咖啡杯。桌子表面被磨出的光滑质地显示了它的年纪，上方悬挂的一排印有北极熊的标签，增添了幽默的元素。

随着房屋在空间上变得越来越整合，最近将厨房与餐厅结合的趋势变得很有意义，因为它为烹饪和饮食提供了更加多功能的休闲空间。这样，负责晚餐的家庭成员就不会感觉自己与家中其他部分正在发生的趣事相隔绝，烹饪也会变得更像一种兼具社交性的休闲活动。有了这样一个厨房岛，厨师可以在烹饪和休闲的同时占据中心位置。并且，这也是一个更加实用的设计方案，因为这样热气腾腾的食物可以被迅速从炉子上端到桌面，而不再需要 20 世纪 70 年代那种糟糕的主妇手推车。

除了烹饪、吃饭、工作、玩耍或者其他居家活动，在室内规划阶段需要你考虑的因素还有很多。比起其他房间，厨房里的家电尤其值得你额外花费些资金来置办。比如你可以纵容一下自己，在负担得起的范围内，买个适合你厨房的最大最好的烤箱；选择那种结实耐用的类型，让它成为一项能满足你要求的长期投资。冰箱也一样，容量越大越好，那种闪亮的不锈钢制冰箱或者浅色美式冰箱不必再悄悄地隐藏到假门后面。水龙头也不能被忽视。重复一遍，去买那种专业厨房里使用的水龙头；即便你的手上沾满了面粉或者点心皮，也可以轻松地开关。具有可伸缩软

水龙头不可被忽视，买那种专业厨房里使用的水龙头，你能很容易地开关。

管附件的水龙头，能让大餐后手洗餐具或者使用洗碗机前预冲洗餐具都更加便利。

装修豪华的厨房更像是地位的象征，而非实际使用所需，也绝对不是简单的家应有的。当你的炊具和冰箱就位（一定要确保找到最好的位置）时，独立橱柜、旧的木质餐具橱和开放式货架自然会是令人愉悦的选择。这样，你就可以按照自己的想法混合搭配用具，使你的厨房显得更加简洁，而不是标准定做的厨房那种无机质的、过度设计的感觉。厨房岛越来越受欢迎，因为这意味着勤劳的厨师在切菜的时候不必再背对着客人。摒弃惯例，找一个超大号的橱柜或者抽屉柜作为厨房岛，不仅使你（或你的厨师）能够面对着饥肠辘辘的客人，还能不动声色地多出些额外空间来存放那些很少使用的小工具。

用极简主义的方式来布置厨房几乎是不可能的——除非你想成为附近餐厅的常客，或者每天花上数个小时做清洁。但是，这并不意味着打造简单的家的理想会落空。远不是如此——厨房里有很多可以使用天然材料的地方，能够使空间整体更温暖。

本页图 这间公寓里空间非常宝贵，但业主兼建筑师安吉·林德和皮埃尔·萨尔伯格想出了理想的解决方案——悬臂式磨砂铝的料理台，延伸形成了一块进餐和工作的区域。这个巧妙的空间节省办法，还为斯麦格牌（Smeg）烤箱以及六把 1934 年沙维尔·伯沙德（Xavier Pauchard）设计的经典法式凳提供了空间。

左页图 磨砂铝为这间高效利用的厨房带来了出人意料的柔和感。

厨房岛使勤劳的厨师在切菜的时候不必再背对着客人。

这些天然材料可能会以桌子、椅子、一次性家具以及旧木质菜板和勺子的形式出现。同样，厨房装饰最好用低调的乳白色。任何过于明亮的东西都可能使你失去食欲！用简单的浅色调作为背景，会使人感觉非常清新，自然光从表面反射出来，会充满整个厨房和用餐空间。一点精心挑选的蛋壳油漆能产生奇妙的效果，还能起到协调外观的作用。或者你也可以刮掉所有的油漆，打磨灰泥，打造一种极致的简约风格；除了光滑闪亮的餐具外，到处都是哑光的质地。

除烤箱和冰箱之外，桌子可能是你烹饪饮食空间中最难布置的元素。想想所有可能在厨房桌子周围进行的活动，你很快就能得出结论，桌子并不仅仅是用餐时候才会用到。因此，在空间足够的情况下，桌子越大越好。如果你的桌子足够长的话，把未做完的填字游戏、家庭作业、钢笔和成堆的书推到一边，然后自然地在另一边用餐，难道不是很棒吗？厚实的木质餐桌就很适合担任这个特殊角色，带抽屉的长桌还能提供一些必要的储物空间。可爱的风化木桌可以任其自然老化，不需要不断抛光——只需偶尔擦一些自制的蜂蜡。这样的桌子能够抵御热锅和你沾满

左图 这个实用的空间以竹排为背景，摆满了闪亮的钢制茶瓮、茶壶和工业感十足的咖啡机。浓缩咖啡杯慵懒地摆放在厚木桌上。

右图 对比之下，竹子的质朴细节清晰地显现了出来。

左页图 这个明亮通风的厨房有着出人意料的细节对比。光滑的橄榄绿橱柜、闪亮的烤箱和光洁的大理石台面，与薄漆墙柜和宽阔的无漆地板相平衡。抬头向上看，花纹繁复的檐口并未受到油漆的侵扰。

广告颜料的手指的侵袭，还能给你提供准备食物的空间。长椅、钢凳和卷曲略带锈迹的花园椅的组合，与这种迷人又不平整的桌子搭配在一起非常完美。

如果空间里放不下过长的长桌，你可以从最喜欢的咖啡厅寻找灵感。在加长柜台的周围放置高脚凳可以增加一些工业设计感，并且这也是个解决空间不足问题的理想方案。这样还能让你更加接近烹饪区域(如果是这样设计的话，你还可以随时帮助厨师）。

如果你在进入室内规划阶段很久之后才着手布置厨房，已经来不及或者不再适合进行过大的结构改造，这时最好记住：小小的变化也会有很大的作用。你可以考虑一下怎样增添一些额外的储物空间，如果可以的话，放置一个开放式货架安放厨房的小物件。烹饪和饮食的空间是另一个你可以稍稍放纵收集

上图 从天窗透入的光照亮了这个以蜂蜜色调木材为主的空间。由朱利安·斯泰尔的父亲比尔·斯泰尔（Bill Stair）创作的艺术品与摆在架子上的朱利安和理查德·巴特勒姆（Richard Batterham）设计的陶罐在结构上形成了对比。

下图 纤薄的隔板能有效拓展储物空间。

左图 一个巨大的厨房岛能让厨师占据中心位置，一对边缘粗糙的石板屋瓦不仅能防止水花飞溅，还能充当留言板。

右图 一组纹理美丽的茶壶安放在布满木纹的木架上。

爱好的地方。在这里，收集也不是无的放矢，这些厨房收集品包括茶壶、水罐和摇摇欲坠的白色陶器（古怪的法国设计二人组 Tsé & Tsé 有意创造了这种优美的、看上去摇摇欲坠的碗碟）。你要做的只是决定把什么放到橱柜里，以及把什么展示出来。这时，需要关注的已不仅是品位，更多是实用性。有些东西要放在手边，比如刀具，可以用专业厨房的强力磁条收挂起来。那些依旧优雅美丽的旧陶壶、奶油罐或者化学容器，可以用来存放基本用具和被番茄酱染色的木勺。一定要把它们展示出来，因为它们是荣誉徽章，是你确实在厨房做饭的证明！简易安装的金属架能给你的厨房带来很棒的工业设计感，你不仅可以把锅碗瓢盆堆放在金属架上，还能在它附带的屠夫式 S 形挂钩上挂些东西。实际上，厨房里的任何挂钩总会在某一时刻派上用场。它们能够把空间充分利用起来，而且在橱柜内外都能发挥作用。

最近将厨房与餐厅结合的趋势为烹饪和饮食提供了更加多功能的休闲空间。

一个宽大的不锈钢悬臂工作台，能容纳一个炉灶、一个水槽和一个手动意式浓缩咖啡机。这个工作台主宰着这个开放式的阁楼空间。它仅由一根生锈的钢柱支撑着，这使得光线能从周围的格子窗进入室内，增加了空间的通透感。

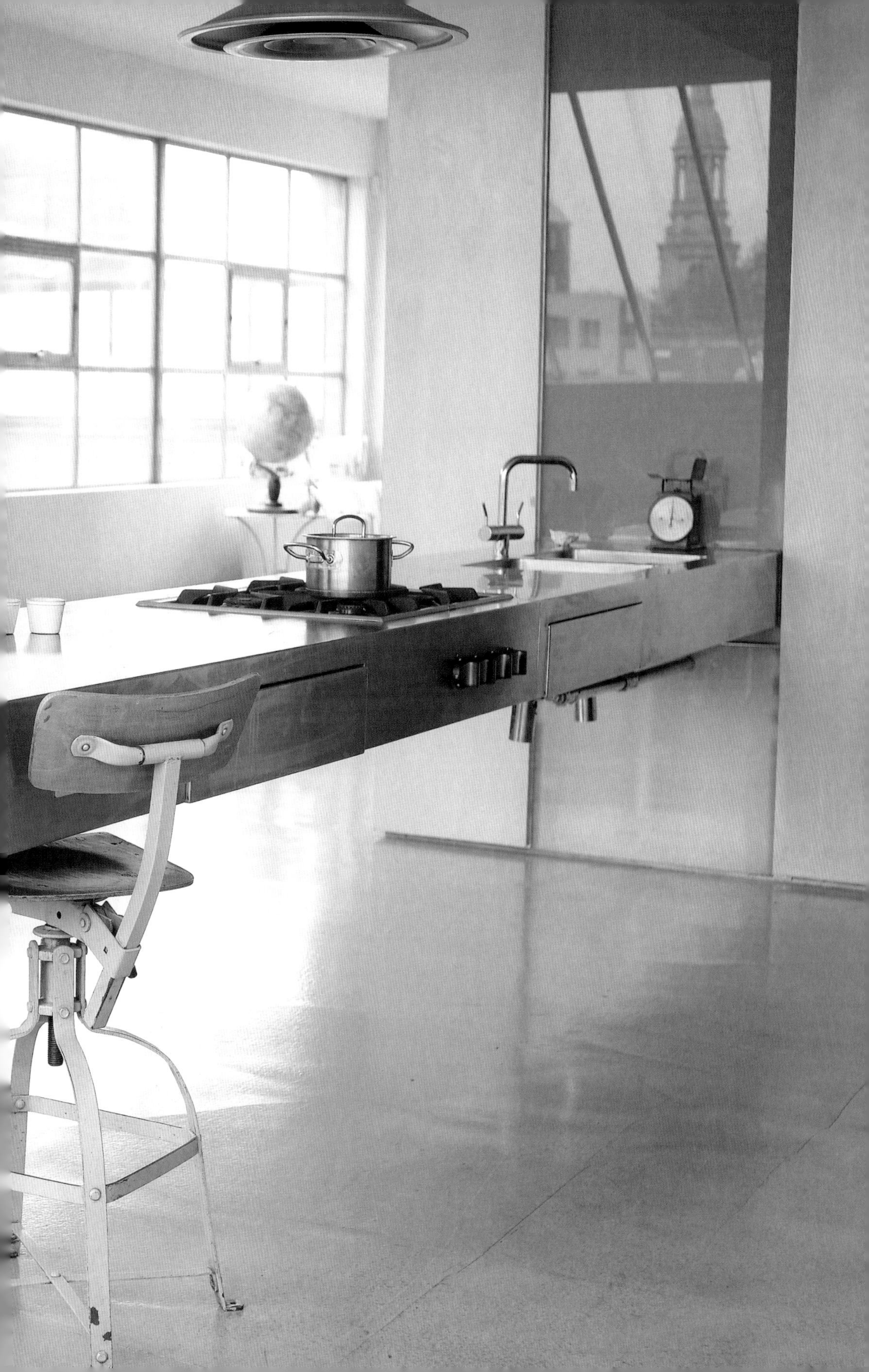

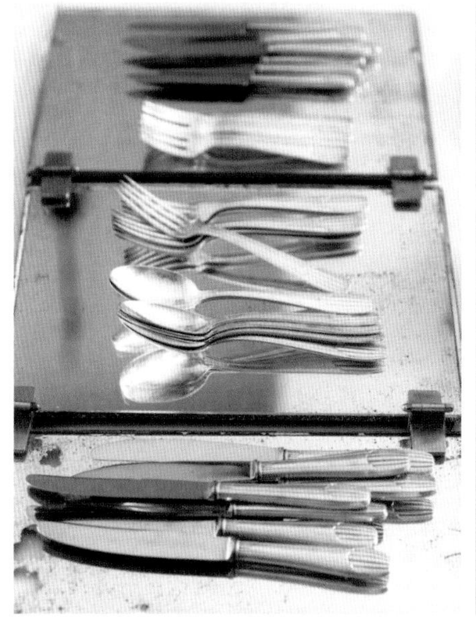

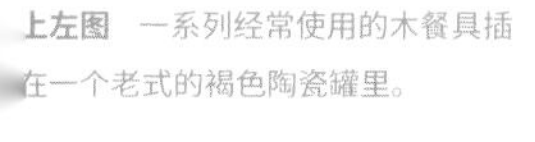

上左图 一系列经常使用的木餐具插在一个老式的褐色陶瓷罐里。

上右图 棕色的土陶盐罐与一排褶边瓷器形成鲜明的对比。

中左图 古董餐具巧妙地摆放在扁平的梳妆台镜面上。

中右图 朴素的木隔板使卷边碟和盘子成为焦点。

下图 来自法国南部阿普特的传统釉面壶与两个青番茄摆放在一起，构成了一幅静物画。

左页图 经过精心布置的木棚变成了一个低调又迷人的用餐空间。白色的漆面木地板给人一种开阔、明亮的感觉。其光滑的表面与法式酒馆薄桌和窗边精心擦拭过的木架形成了鲜明的对比。薄桌上铺着一条纯色的古典亚麻桌布，柔软的威尔士羊毛毯则令缝纫机椅坐起来更加舒适。生锈的蛋糕模具灯罩衬托了室内的白色主题。

CHAUSSURES
à 50 mètres
GEORGES
BREAD

本页图 奶油色的 AGA 炉是这个老壁炉的完美搭档。壁炉架上摆放着银杯、烛台、铝制字母还有一串银白色的贝壳，为这间康沃尔式厨房营造了轻松的氛围。

右页左图 黄铜水龙头，在手上沾满面粉时也能轻松使用。

右页右图 窥视这个厨房，会看到里面浅蓝色的 AGA 炉。众多茶壶暗示着你也许能从这得到一杯好茶。

在厨房的部分选择更加简约的风格，意味着你不必用传统的材料或方法来布置。如果你找到一些很喜欢的美丽的旧瓷砖，但它们又有点太碎或者数量不够的话，可以把它们随意贴放在水槽背后。或者你可以放弃使用瓷砖，石板以及小木框黑板也很合适，而且它们还很容易清洁，只需要把它们在肥皂水里快速地冲洗一下就好。车轮磨损的手推车非常适合用来放置各种各样的东西，不论是盘子和结实的多莱斯牌（Duralex）玻璃咖啡杯，还是盛放有机蔬菜的盒子。这种推车有一个明显的好处，就是方便移动。磨损的木箱也很有用，你可以把它们推到桌子或碗橱下面，或者整齐地堆放在角落。你甚至还可以把它们挂在墙上，用来存放你收藏的大量烹饪书籍。这样方便取阅，毕竟我们拥有的烹饪书往往比实际做过的菜更多。

没有什么比在花园里吃饭更惬意了。一张长长的支架木桌最合适这种场合；阳光好的时候，你轻而易举就能抓住桌板和支架，把它从棚子和人群中移出来，并且根据需要尽可能多地在周围摆上椅子。在一些比较高级的场合，你可能希望更有情调一点，而不仅是坐在厨房的餐桌边上。简单的纺织品，比如一张稍微带点褶皱的古典亚麻桌布，会让你的陶器藏品和骨制餐具成为桌上的焦点。木质窗帘挂环可以用作独特的餐巾架，

没有什么比户外就餐更惬意了。长长的支架木桌最合适这种场合——你可以轻而易举地搬动它并在周围摆上椅子。

而餐巾则可以选旧亚麻茶巾，这样掉落的面包渣和溢出的汤汁看起来就不会那么明显。折叠的旧威尔士羊毛毯能够弱化工业风格的椅子或钢制花园椅的轮廓。最后，作为点睛之笔，你可以在组合罐里放几根蜡烛，在牛奶瓶里插几枝花来装饰木桌，或者用一两个大的法式陶瓷壶装一大束花做装饰。这是一种很随性、很有格调的晚宴布置方案——现在你需要的就只是食物了。

上图 充分利用阳光明媚的日子，到室外用餐。

下左图 一排轮廓优美的粉刷木椅静静地等待着它们的客人。

下右图 几把折叠椅聚集在一棵绿叶茂密的大树周围，正准备着为午餐时所用。

右页图 曾经被漆成白色的托里克斯椅（Tolix chairs），经过风化呈现出一种斑驳的复古感。摆放在支架桌周围，提供非正式的座位。

起居室

左图 拉丝铝制的桌子上，一组物品在闪亮的台灯照耀下，创造出了一种别具一格的静物感。

右图 一面镀金边框的镜子，银质镜面略有磨损，放置在雕花大理石壁炉上。编织地毯和结实的柴火篮使整个房间变得更加闲适。

左页图 由保罗·瑞扎托（Paolo Rizzatto）设计的悬臂式吊灯照亮了这个角落，把这里变成了一个理想的阅读空间。20 世纪 30 年代的沙发被重新罩上了美丽柔软的棕色天鹅绒丝绸。

起居室应当是一派宁静安详的家居景象，在这里你可以从一整天紧张繁忙的事务中逃离出来，陷入堆满羽毛靠垫的沙发里。这里是个可以让你沉迷于最爱的消遣和罪恶的享受的地方，从听音乐（如果邻居不介意的话，开最大音量）到静静地阅读小说，或者蜷缩在柔软的天鹅绒扶手椅里。这里通常也是其他家庭成员最喜欢的房间，大家聚在一起喝杯茶聊聊八卦，如果音乐还在播放的话，可以尽情跳舞直到筋疲力尽，最后再回到沙发的怀抱里。

保持简单并不意味着你的家一定要轮廓分明或是极简至上，特别是在一个你想要放松休息的空间。这需要你认真选择家具和配色方案，这样屋内就不会有不协调的感觉，还能留出足够的储物空间。一个线条简洁、光线充足、整洁干净的空间，相对于过于饱和、装饰繁复的空间来说，更能使人感到放松；同时也不必太操心，因为你不用不停仔细检查房间里有没有需要除尘的地方或者需要整理的褶边。

不要让最新的小装置或电玩使你的感官超负荷。并不是说这些东西是不必要的，或是禁止出现在简单的家里；没有什么比周日下午在客厅玩虚拟滑雪更棒的了！只不过当你并不那么想玩这些游戏的时候，要把它们收拾起来。旧的木质水果箱、柳条编织的鱼篓、锡箱还有契约箱，很明显都是不会过时的收纳容器选择。

以壁炉为起居室的核心来打造一个休闲区，远比以电视为核心要好。把椅子和沙发摆在充满阳光的地方。除了容量超大的柴火篮，也要保持壁炉处于正中心的位置。要禁得住来自壁炉架的诱惑，不要把它填得满满当当的，让“简单的家”的布置理念发挥作用。如果你确实认为有必要改变壁炉死板的几何形状，那么就仔细选择一两件属于同一主题或颜色范围的珍藏单品摆放。这样它们会显得非常特别，同时壁炉也仍然会是起居室的核心。

如果你的家里没有火石雕塑、木雕或者维多利亚时代的装饰瓷砖这类古玩，也不要试图用仿制品来代替。你要忠于你的家，不要强行把它变成任何看起来不自然的样子。无论怎样，对于其他更醒目的装饰物（比如亮色的垫子或者手工编制的粗线毯）来说，一个普通的无框壁炉都会是完美的陪衬。

一旦你确实了室内布局的侧重点，并且资金或空间充裕的话，不妨放置一两张沙发，因为这是起居室里最重要的家具。

右图 宽敞的落地窗意味着这个巨大的、充满光线的空间是一个能够放松阅读的完美宁静的地方。壁炉、檐口、古典椅子和镜子等装饰性的特征，与房间里更加质朴的元素相抵消：柴火篮和巨大的地毯，厚实的未经粉刷的桌子和随意斜靠墙壁的画框，都给房间带来了闲适的气氛。

以壁炉为起居室的核心来打造一个休闲区。把椅子和沙发摆在充满阳光的地方。

本页图　这是一个令人感到愉悦的具有对比性的房间。两把带有轮子的皮革复古椅摆放在巨大墙洞壁炉前的水洗石板地上。精致的威尼斯玻璃吊灯和抽象画强调了它们饱经风霜并且深受喜爱。

右页图　雕花大理石壁炉中放置着一个实用的烧柴炉。壁炉架为一组同色调的茶壶和一幅色彩柔和的海景图提供了栖息处。木地板的蜂蜜色调为房间增添了一抹暖色。

本页图 迷人的休闲椅能让人感到放松。白色地板和厚实的海草编织地毯增加了休闲的感觉，同时还起到了柔化色调的作用。门口的金属丝托盘被再利用起来，用来盛放比公文更有趣的读物。

右页图 这是一个以黑白色调为主的起居室。刻意磨损边缘的扶手椅旁是一把罗宾·戴（Robin Day）设计的经典座椅。架子上摆放的是一套明显经过深思熟虑选择的纯色单品。

上图 巴塞罗那椅和脚凳放置在这个光线充足的空间里。格子窗为这个房间增加了工业设计感。

左页图 屋顶灯为这个小型的起居室注入了充足的光线。混凝土房梁与玻璃吊灯形成了鲜明的对比。

起居室是个放松身心的重要场所，因此需要尽可能的舒适。选购家具的时候，一定要实际体验一下你看中的沙发，确保它们足够舒适，能陪你度过漫长的冬夜或是享受周末下午的电影时光。坚固的木质框架能承受日常生活的严苛考验，软垫能提供足够的放松空间，也是一个好沙发应有的特质。填有鸭鹅混合羽毛的靠垫是最奢华最舒适的。你可能需要额外找些羽毛把它们填充得饱满一些，但这并不是世界上最糟糕的工作，并且这么做绝对值得。遮盖沙发的沙发罩有很多种选择——竹节亚麻布和棉布最耐用，未经染色的亚麻和棉布能静静地点缀设计简约的起居室。不过，为什么不试试借此机会把你收藏多年的中古纺织品拿出来展示呢？如果藏品足够的话，还可以把它们变成一个美丽的拼接沙发罩（如果你不熟悉缝纫机的使用，就去找个拿手的人来帮你）。把缝线和拼接充分地利用起来，这些简单的细节是最诚实的创造痕迹，它们不应该被隐藏起来。如果你收藏的纺织品有限，也可以只为你的沙发创造一款独一无二的靠垫套。此外，复古的茶巾也可以作为你的休闲区中引人注目的小装饰。旧的真皮沙发能为你的起居室增添一种永不过时的颓废感，沙发的年头越长，外观看起来越迷人，仿佛在骄傲地炫耀其上生活的印痕。旧皮沙发温暖的蜂蜜色调也能很好地配合简单的家中其他的天然材料与色调。

要保证周围始终有足够的垫子便于使用，这样能够时不时地为周末的地板报刊展提供最佳的位置。如果空间有限或者你更喜欢直立的椅子，可以铺一个柔软的羊毛毯盖住朴素椅子的边缘，这样很容易就能将这些明显的特征变得柔和。如果你想额外设计一个更慵懒的区域，那么选择躺椅会比另加一个沙发更节省空间，而且比扶手椅更适合伸展，看起来也更放松。老式的躺椅会为起居室中其他简约的家具增添一些装饰感。

至于其他家具，比如矮桌，是放置咖啡和饼干托盘所必要的，你可以选择古典的或者旧物再利用的家具，还可以选择由可回收素材手工制作的家具。造型鲜明的细长腿桌能够让光线更充分的照射在周围，对于起居室来说是个很理想的选择。

淡淡地装饰你的起居室，可以使用带有反光效果的乳白色。大镜子闪耀夺目并且能增加额外的光线，而破旧的装饰镜框则能够营造出一种悠闲的氛围。如果找不到合适的大镜子，可以把比较小的镜子组合在一起；20 世纪 30 年代风格的斜边镜子在这种情况下就非常合适，因为它们有各种各样的形状和尺寸。

清新的白色空间里有一张简约的钢架沙发床，上面铺着宽大的埃及棉花床垫，这里是个十分舒适的休息场所。精心设计的非正式座位，由外包着柔软金属色皮革的脚凳和一堆小麦填充靠垫组成。

起居室应当是一派宁静安详的家居景象，

在这里你可以从一整天紧张繁忙的事务中逃离出来。

淡淡地装饰你的起居室，可以使用带有反光效果的乳白色。
这样会有一种十分轻松的感觉。

能否正确地选择照明对于休闲的氛围来说至关重要。当你想在沙发上阅读的时候，明亮的顶灯似乎就有点太刺眼了。这就需要安装一个调节开关，它能够让你更好地控制灯光的亮度，以此来适应环境需要。额外的工作照明可以在你需要的时候提供更加柔和的光。安格泡（Anglepoise）关节灯颇具工业感，与其他迷人的照明效果相得益彰。经典的水晶吊灯为节俭的起居室增加了优雅的气息，当它作为最具装饰性的元素时，其闪亮的外观会更加突出。枝形吊灯并不一定要符合传统特征，制作精良的塑料材质或者深色绒毛制成的独特吊灯也能带来出人意料的风格与幽默感。

上图 黑色和白色搭配极具戏剧性，但是不必觉得这样会过于严肃。一对靠在墙上的画作有助于缓和氛围旁边的火警铃暗示这里可能急需一杯好茶。

右页图 隐藏在角落里的小写字台是一个充分利用空间的范例。这里营造出了一种宁静的氛围，在这写信一定会文思泉涌。

卧　室

左图　成堆的柔软织物包裹着床，让你能够尽情地享受睡眠。

右图　脚手架构成了一个令人踏实的床架。非洲纺织品和旧谷物袋组成了一张织物床头板，柔化了床架的工业化外观。床上铺着的软亚麻布，堆叠着的条纹绗缝被子作为额外的保暖物品随时待命。

左页图　优质的白色亚麻材质床上用品能提供闲适安逸的睡眠。尽管安格泡关节灯属于办公用品范畴，但它仍然是睡前阅读照明的理想选择。

毫无疑问，卧室一定是家里最需要舒适性的一个房间。这里是我们最私密的空间—— 一天结束时退居的惬意场所——可能我们花在其他任何地方的时间都不如花在卧室的多。不用说，床一定是这里最重要的家具。与简单的家相呼应，床最好选用循环利用的床架，或是木质的简单床架，再配上有弹性的新床垫——如果条纹能够展示出来的话，一个结实耐用的条纹床垫会是很好的选择。预算充足的话，你最好花时间来研究并选择与你的床契合的床垫，这样它才能经得起时间的考验。如果你想要一些更华丽的东西帮你睡得更甜的话，到古董市场或者旧货市场去，总能不经意地发现装饰性的铸铁床架；但是不要指望它有多么完美，些许斑驳的表面看起来或许更好，少了几分少女感，多了剥落的油漆和几分岁月感。不过，即便找不到合适的床也不要担心。这让你有机会去创造性地思考可利用的元素，而且一些不那么协调的安排会让你的卧室看起来更加舒适和个性化。只要保持卧室内其他物品尽可能的精简就好。

脚手架可以变成一个极简的雕塑床架，它们耐用的坚实质地与柔软的床上用品能够形成完美的平衡。由于脚手架兼具灵活性和可延展性，用它们甚至能打造出一个令人惊喜的、牢固的四柱卧床，在朴素的床架周围可以随意搭配一些轻薄面料。一个简约的木床架则会营造出温暖的气氛，木材会带给你它固有的令人舒适和安心的感觉。如果木材表面有磨损，这种效果会更加明显。

层层叠叠不同质感的纺织品能把你的床变成柔软的小窝；这是一个舒适的避风港，寒冷的冬天你可以蜷缩在里面，天气转暖的时候可以撤下一两层床品。天然亚麻布和手工编织的棉布都是完美的选择，因为自然状态下它们并不起眼。这些棉布柔和的色调令人放松，并且这种浅色调会让整个卧室看起来更加宽敞。除非你是一个睡眠质量非常好的人，不然任何过于烦琐的东西都可能导致你失眠。华夫饼网格或是圆点花纹的毯子会给你的感官增加负担，而柔软的威尔士毯子则会带来一些沉静的感觉。保持墙壁平整，并且把它涂成与你选择的床品相同的浅色，能够帮助你快速入眠。

窗户确实需要装上窗帘，但是不要选择过厚的布料。让光线透过窗帘渗透到房间里更加舒适，还能让我们跟上季节变换的节奏。如果想遮挡来自外部的视线，可以加一层薄纱帘或是百叶窗，它们安装方便。为了起夜时能够看清路，可以在矮桌上摆一个不显眼的床头灯，

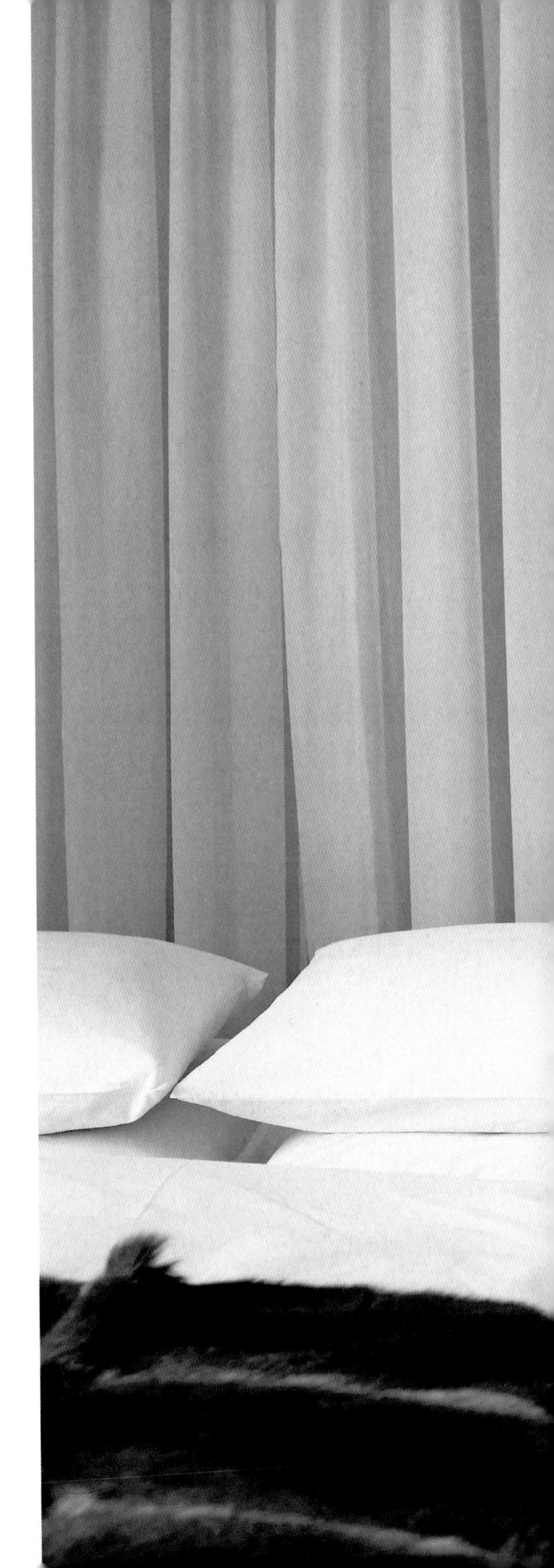

右图 波纹状的织物帘子将这个巴黎公寓的起居室和卧室分隔开来。柔软的动物皮毛毯把床变成了一个巢穴般舒适的睡眠空间。巧妙设计的床周围有一个关节灯，一些七零八碎的小东西，还有最重要的睡前读物。

层层叠叠的天然亚麻和手工棉布会把你的床变成一个舒适的巢穴。

左图 舒适的床上有多层柔软的棕色被套和床单，带有各式触感极佳的纹理，还有厚实的浅色手工编织毯。不同寻常的有机玻璃百叶窗能够将柔和的光线轻轻滤进室内。

右图 结实的床垫上朴素的条纹图案和柔软的褶皱亚麻布营造了额外的闲适感。床垫的条纹也被用在了靠垫的接缝处。

左页图 简约的四柱钢架搭配黄油色亚麻窗帘和多层羽绒被，营造出极致经典的舒适区。拉上窗帘享受安静，不受干扰地睡个好觉。

如果它们能倾斜到一个适合阅读的角度就更好了。确保你的床头桌有足够的位置来放睡前阅读的书，还有早上喝的茶——如果有人能为你送茶到床上。

理想状态下，这些就是你舒适卧室中所需的全部家具了。在一个理想的家里，还会有一个专门用来放衣服的衣帽间。但是，我们大多都没有那么幸运，因此毋庸置疑，你的卧室还需要收纳你的衣服。可以选择古色古香的法式衣橱或者旧店铺的家具，最好是看起来有些年头的那种，这样能使屋子保持轻松的氛围。

现在，你的卧室应该是一个美丽又宁静的避风港了，睡个好觉。

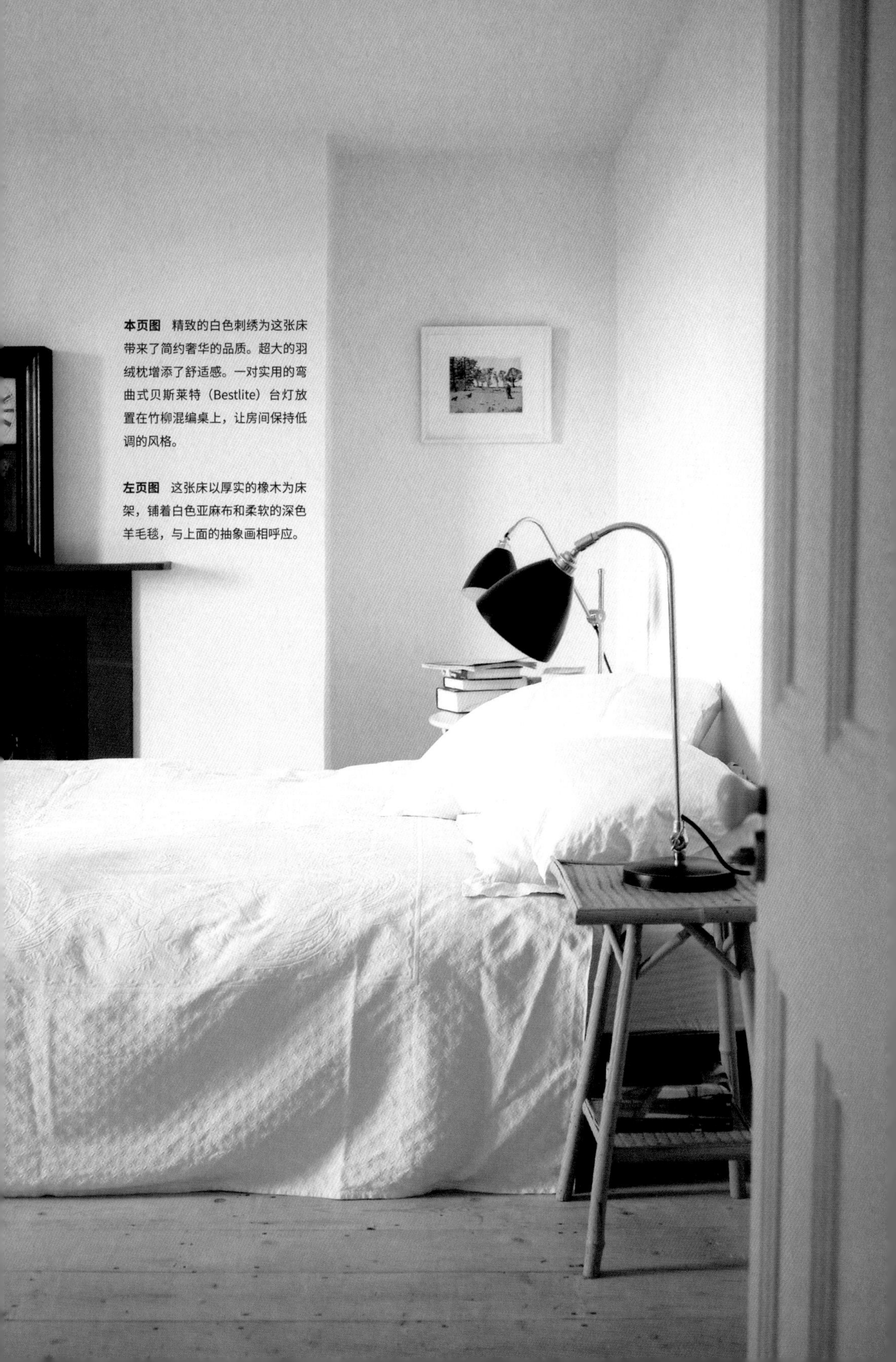

本页图 精致的白色刺绣为这张床带来了简约奢华的品质。超大的羽绒枕增添了舒适感。一对实用的弯曲式贝斯莱特（Bestlite）台灯放置在竹柳混编桌上，让房间保持低调的风格。

左页图 这张床以厚实的橡木为床架，铺着白色亚麻布和柔软的深色羊毛毯，与上面的抽象画相呼应。

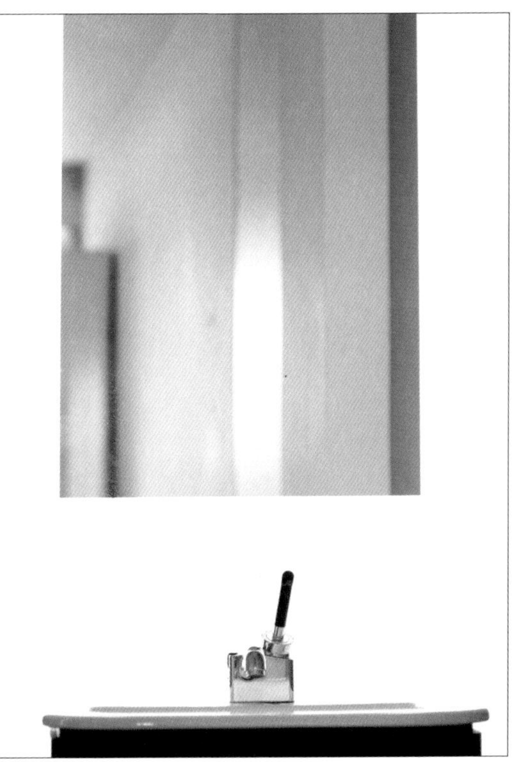

浴 室

左图 建筑风格的水龙头位于一个简单的无框镜子下面，夹在几片玻璃板之间。

右图 挂壁式水龙头节省了空间。

左页图 这间巴黎公寓的主人幸运地在跳蚤市场找到了这个很深的卷边浴缸——它被重新粉刷以确保还能再用几百年。水槽支架的现代风格反衬出浴缸的品质。

浴室是进一步进行简化活动的理想场所。把简单的家的理念应用于干净清新的浴室，把它变成一个庇护所，而不是匆忙打造的必需品。当你在朦胧之中跌跌撞撞地从床上爬起来，睡眼惺忪地到浴室进行晨间沐浴时，一个经过深思熟虑的，轻盈宽敞、干净整洁的环境正是你所需要的。

一定要充分利用你的空间。如果空间和预算足够的话，可以用带有支脚的华丽卷边浴缸，比起现代化的亚克力浴缸，它能带给你古典的魅力，还能提供更多的空间来放松身心。

如果你想要一个颓废风格的独立式浴缸，但同时又想保留华丽的外观的话，可以在坚固的木板上安装浴缸。削弱其他细节，让你绝妙的浴缸占据最重要的地位，否则你的浴室看起来会过于烦琐。理想的浴室外观往往是简约朴素的，而不是那种过于浪漫主义或者骄奢淫逸的风格。忠实于浴室的功能性，不要把管道隐藏在柜子里，因为它们的金属光泽是浴室中的另一个对比元素，不仅如此，这些管道还是挂毛巾的好地方。

浴室还是个容纳对比鲜明的不同材质的理想场所。木材与闪亮时尚的洗浴设备是完美的搭档。在氤氲的水汽中，老化的木材令人愉悦的温暖触感，能使你仿佛置身航海中的船舶。创造性地引入一些木材，比如从木梯上锯下来一截，加上一个木制种子托盘，改造出一个浴室置物架。除此之外，你可以放一把做工精良的木椅（最好是带些飞溅的油漆和划痕的那种），找几个用来存放毛巾或者入浴剂的板条箱，还可以搬来木制的 A 形梯，把它随意地靠在墙上搭放毛巾。更大面积的木材选择就是浴室的地板——木地板是个很好的选择，要么涂成白色，要么保留自然的原木色。只要经常用拖把拖一拖，就不用担心飞溅和溢出的水渍。浇筑混凝土是另一个不错的选择，它严肃的工业感与浴室中稍显放纵的感觉会形成新鲜的对比，而且这种地板很耐磨。不过，你一定要正确地维护它，可以用透明防水胶来处理，商家会告诉你具体怎么做。还有，地板表面不要过度抛光或者整饰得太过平滑，因为这样会容易滑倒。无论选择哪种处理，都不要太过为难自己。放置一个可以踩在脚下的羊毛地毯，当你从浴缸中出来时，它能给你温暖，并且让脚趾有适应环境的机会。

上图 浮木做成的不同寻常的防溅板与印刷木块创造出了遥相呼应的图案，外露的灰泥让墙壁充满白垩感。

下图 弯曲的铸铁水槽由车枳形支脚支撑，这样光线能够在屋内流动。靠墙的瓷砖是经典的代尔夫特陶瓷。

左页图 带有巨大支脚的卷边浴缸在浴室里占据了一席之地。华丽的浴缸和时尚的菲利普·斯塔克（Philippe Starck）水龙头相互映衬，这里还有一个截锯梯子做成的可回收置物架，上面摆有一个金属丝托盘。喷溅了多层油漆的三脚凳上放有一把长柄刷。

本页图 这个航海风格的白色镶木板浴室，使用了简约的橄榄绿色橱柜，橱柜顶摆着贝壳和鹅卵石。落叶桃花木的桌子很不寻常，通常这类桌子都是经过高度抛光的，而这个桌子更有一种休闲的感觉，更加完美地与这个空间相契合。

右页图 带有经典球状支脚的中古浴缸高调地展示了它必不可少的管道。铜管毛巾架延续了这一主题，并且与植物印花图案相得益彰。

BLOESEMS
Sporeblaasjes
BOOMACHTIGE
VAREN
Bladeren
Hoedjes
Sporendragende
straalplaatjes
ROSSIGNOL UITGEVERIJ

上图 干净清新的白色亚麻布叠成堆收好备用。挂在宽阔橱壁上的一把小剪刀给人一种有趣的触感。

下图 旧珐琅挂钩适用于任何一间浴室。

左页图 光线透过挂在窗户上未经漂白的纸张在浴室里四散开来。古旧的铸铁珐琅镜随性地靠在墙上，窗台上还有个大海螺，完美平衡了结实的几何形水槽的现代风格。

安装一个时尚的现代化洗手池，特别是挂壁式洗手池，能够充分利用浴室的空间。它摩登、结实的边缘和其他更华丽的元素相互映衬，符合你家里挑剔的简约风格。可以把洗手池安装在细长的支脚上，这样能让光线反射四散，或者如果你需要额外的储物空间，还可以把它安装在橱柜上。与维多利亚时代的瓷器洗漱盆风格相呼应的盆式洗手池也是一种选择。你甚至还可以把这两种都用上，“他”和“她”的风格！具有设计感的镀铬水龙头在简约的浴室里也能起到很好的作用，因为它们去除了一切烦琐设计，外观极简。你只需把它们安装在墙上，

不过如果能把它们安在浴缸或是洗手池上面，看起来会更好。

一些小细节就能把你的浴室变成私人水疗中心。选择松软的、未染色的毛巾，然后找个地方把它们堆成巨大、舒适的一堆。用回收的玻璃瓶来盛放沐浴液，以免花哨的塑料包装破坏视野的宁静。浴室可以是另一个展示你收集的贝壳、鹅卵石甚至木船的地方。让你的海滩宝藏派上用场；在水龙头后排一排浮木会比医院风格的瓷砖看起来更有趣。不要把肥皂放在现成的肥皂盒里，从厨房解救出来的碗更好、更有格调。较大一点的金属碗能为你的浴室带来土耳其浴室般的情调。只要确保其他的细节都清晰简洁，那么像这样加入一两个闪亮的对比设计，就会让浴室看起来更加特别。

当你在朦胧之中跌跌撞撞地从床上爬起来，睡眼惺忪地到浴室进行晨间沐浴时，一个经过深思熟虑的，轻盈宽敞、干净整洁的环境正是你所需要的。

上图 这里，一个锤状叙利亚银杯放置在一块矮胖的漂白木块上，杯中插着一束花茎细长的鲜花。给浴室增添了一分丰饶感。

下图 这个独立式浴缸由柱状支脚支撑。宽板的木地板和简约的毛巾架与厚重的大浴缸形成鲜明的对比，使整个房间的氛围更加休闲。

右页图 如果有充裕的空间，扶手椅会是浴室里的豪华之选。这个扶手椅上放着一堆柔软的毛巾。宁静的白色外罩为这个宽敞的空间增添了简约明亮的线条感。

工作间

左图　一大把银色铅笔收集在一个法式罐子里，整齐地放在一个悬空的小木架上。

右图　这个工作间的小陶罐里放着一系列刷子。成堆的筛子摞在刷子的上面一层。

左页图　拼接木板和工厂的弯曲钢架组合而成的椅子摆放在窗前，椅子面前是一堆印刷木块。主人对于印刷木块的痴迷还反映在了百叶窗上，百叶窗的叶片就是用印刷木块的碎片做成的。

无论你是需要每天在家工作，还是只需要一个能坐下来整理账单、写电子邮件或是书写信件的地方，都要确保这个区域和家里其他区域保持一致。不要让这里变成公司办公室的灰暗样子，要不惜一切代价避免使用丑陋的塑料家具和脆弱的隔板。你可以选择更有灵气的家具，这样有助于激发你的创造力，并且不会干扰你的个人风格。如果空间非常紧凑的话，工作间可以巧妙地塞进一个小角落，甚至可以是楼梯下或花园里。如果空间不是问题，那就把一整个房间都用作工作间，这样你就可以把家庭生活的喧嚣关在门外，开始你的工作。

不管在哪里，桌子都是工作间里最重要的家具。首先，你要选择一个适合工作间的桌子。支架桌特别灵活；木质的相对便宜一些，这样光线能在桌子周围流动，而不会生硬地被分割成几块。不过，几个小抽屉也能起到同样的作用，还能够提供最重要的储物空间。你不必坚持使用传统的桌板，选择一块大小合适的木板，可以是废弃的门或由地板拼凑而成，这样就有了一个可以工作的桌面。从默默无闻中被解救出来的旧办公室家具，将愉快地融入你的工作间；20 世纪 50 年代的不锈钢办公

桌十分耐用，老式的学校办公桌可能更容易获取。如果这些都没有的话，简单的厨房餐桌也很适合承担这项任务。轮子完好的旧转椅看起来更漂亮，并且和符合人体设计的现代椅子一样舒适。重要的是你的办公桌边有一个合适的座位，特别是如果你要在那待一整天的话（除了偶尔到厨房倒杯茶喝）。要确保椅子的高度正确，并且你的后背能够被恰当地支撑。放上亚麻靠垫或是折叠毯能增加舒适感，还能使你的工作间变得更柔和。

尽可能使工作间保持整洁，对于你家的整体外观和你的大脑来说都非常重要。找个旧文件柜来存放难以整理的文件。剥掉它们外层的油漆，露出可爱的粗糙内壁和带有光泽的铜绿，把它们安放在简单的家里。风格不会过时的铁皮箱、破旧的皮革手提箱或是被丢弃的木抽屉也可以用来保存你的文件。把旧的金属丝托盘也调用起来，盛放你随时会用到的小东西。

上图 如果可能的话，坐在靠窗的位置——自然采光和有趣的景色会让你在家的工作时光十分愉快。在这个巧妙的角落里，一个大铁丝网垃圾筐正等着那些皱皱巴巴的废纸。椅子和桌子的细长腿使这里不致显得过于杂乱。

右页图 大桌子是用从倒闭的陶器工厂中解救出来的货架做成的。一对配套的钢制展示柜里收纳着主人的宝藏，靠近屋顶的架子上摆放着 2[illegible]世纪 60 年代色调柔和的各种蓝色花瓶。这些颜色与一旁地球仪上的海洋遥相呼应。

确保你的工作间和家里其他房间保持一致。选择有灵气的家具有助于激发你的创造力。

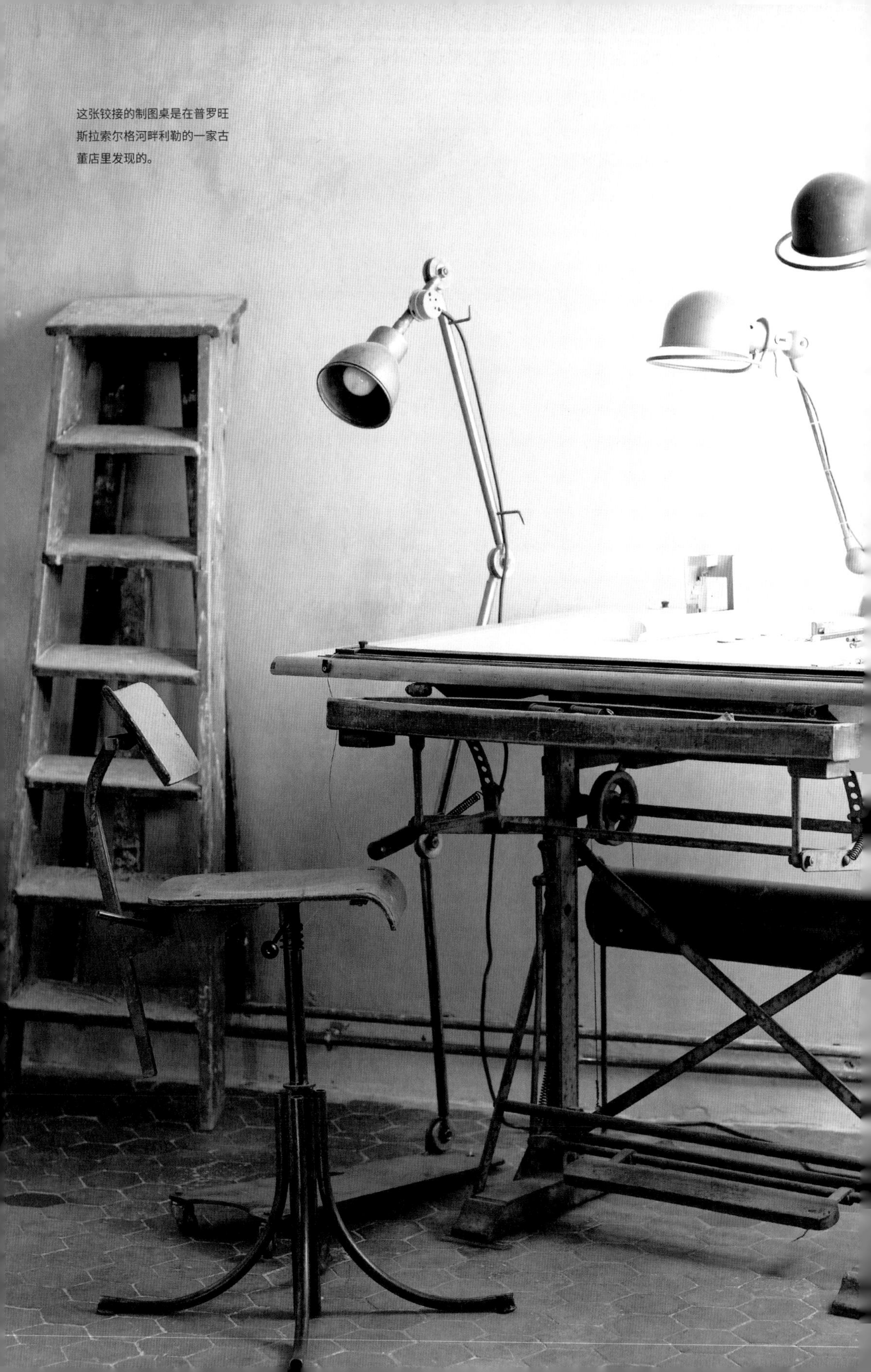

这张铰接的制图桌是在普罗旺斯拉索尔格河畔利勒的一家古董店里发现的。

办公的基本文件，铅笔和钢笔都放在一个旧铁皮箱里，这样整洁的桌子能够随时供你开展工作。如果空间狭小，使用小巧的笔记本电脑要比笨重的台式电脑好得多。

它们足够节约空间，你可以把它们放在桌子下的地板上，也可以放在桌子上。把各种形状大小的钢笔、铅笔或画刷收集在旧果酱罐或是诱人的食品罐里，会比放在办公室里那种丑陋的灰色塑料笔筒里好得多。

像样的照明对工作间至关重要。如果可以的话，把桌子放在窗户旁边来充分利用自然光；午后透过窗户洒入屋内的阳光能让你摆脱低迷的状态，只不过不要被外面的事物分散了注意力。对于黑暗的冬日来说，台灯就是必不可少的了。经典的安格泡关节灯是最好的，或者你甚至可以像 P144 那样，用台灯三重奏照亮你的桌面。

简单地设计你的工作间，并且让你的周围充满精心制作的能鼓舞人心的东西，这样你无疑会创作出最好的作品。这也适用于整个家的设计。简单生活，被经过深思熟虑选择的、既能体现你的个性又恰到好处的物品环绕，会令你收获意想不到的满足感。同时，你的家看起来也会清爽、放松、简单。这里会是一个舒适的地方。

左图 由钢管缝纫机底座和再生木板组合成的古怪办公桌创造出了一个整洁的小工作间。将门巧用作黑板，是另一个利用空间的妙招。

右图 如果铅笔能够愉快地插在一块钻好的浮木里，为什么还要把它们放在丑陋的塑料笔筒里呢？

右页图 这个工作间在一个隐蔽的地方找到了自己的位置。抽屉在桌面的下方，尽可能地简化了一切。汉斯·瓦格纳（Hans Wegner）设计的椅子带来了一丝斯堪的纳维亚风格，厚实的针织披肩围巾增添了舒适感。

简单生活，被恰到好处的物品环绕，
会令你收获意想不到的满足感。

参考
信息

英国
商店及艺术空间

The Art Shop
8 Cross Street
Abergavenny NP7 5EH
www.artshopandgallery.co.uk
+44(0)1924 832631
艺术家相关资料与书籍。

Baileys
Whitecross Farm
Bridstow
Ross-on-Wye
Herefordshire HR9 6JU
+44(0)1989 563015
www.baileyshome.com
我们的店——囊括一切令人惊喜的简单风格物件（我们有“偏见”）。

Caravan Style
www.caravanstyle.com
总是很迷人，能找到跳蚤市场风格的东西。

The Cloth House
47 & 98 Berwick Street
London W1F 8SJ
+44(0)20 7437 5155
www.clothhouse.com
世界各地的面料，使用并支持地方手艺人制作的织物。

The Conran Shop
www.conranshop.co.uk
现代家具，灯具，家饰及礼品。

Contemporary Applied Arts
2 Percy Street
London W1 1DD
+44(0)20 7436 2344
www.caa.org.uk
英国最好的手工艺品，提供售后服务。

Damson & Slate
www.damsonandslate.com
专于威尔士艺术及手工艺品，包括靠垫、地毯、面料等。

Frank
65 Harbour Road
Whitstable
Kent CT5 1AG
+44(0)1227 262500
www.frankworks.eu
手工、家庭制工艺品、装饰品和艺术品。

Hauser&Writh Somerset
Durslade Farm
Dropping Lane
Bruton BA10 0NL
+44(0)1749 814060
www.hauserwirth.com
坐落在一个经过修复的 18 世纪农场中的画廊及多功能艺术中心，画廊还拥有一间彼得·奥道夫（Piet Oudolf）设计的花园。

Kettle's Yard
Castle Street
Cambridge CB3 0AQ
+44(0)1223 748100
www.kettlesyard.co.uk
这间美丽又独特的画廊陈列有一批出众的 20 世纪艺术品并且定期举办当代艺术展。

Le Chien et Moi
60 Derby Street
Nottingham NG1 5FD
+44(0)115 979 9199
不断收集各种非凡而美丽的物品。

Liberty
Regent Street
London W1B 5AH
+44(0)20 7734 1234
www.liberty.co.uk
时尚的现代家具、器皿及配件。

Material
www.materialmaterial.com
限量版印刷品、器皿及文具。

Mint
2 North Terrace
Alexander Square
London SW3 2BA
+44(0)20 7225 2228
www.mintshop.co.uk
现代家具、陶瓷及配件。

The New Craftsmen Gallery
34 North Row
London W1K 6DG
+44 (0)20 7148 3190
www.thenewcraftsmen.com
展出英国的材料、工艺以及手工制品。

Ruthin Craft Centre
Park Road
Ruthin
Denbighshire LL15 1BB
+44(0)1824 704774
www.ruthincraftcentre.org.uk
一个一流的手工艺中心，设有工作室、工坊和三个画廊。

St Jude's
Wolterton Road
Itteringham
Norfolk NR11 7AF
+44(0)1263 587666
www.stjudesgallery.co.uk
聚焦英国艺术、工艺、设计。

SCP
135-159 Curtain Road
London EC2A 3BX
+44(0)20 7739 1869
www.scp.co.uk
包罗万象的现代家具及当代设计品。

Selvedge
www.selvedge.org
一本关于现代艺术与工艺的刊物。

Yew Tree Gallery
Keigwin
near Morvah
Pendeen
Cornwall TR19 7TS
+44(0)1736 786425
www.yewtreegallery.com
展出雕塑、珠宝及陶瓷展品。

Yorkshire Sculpture Park
West Bretton
Wakefield WF4 4LG
+44(0)1924 832631
www.ysp.co.uk
展出当代手工艺及应用艺术展品。

古董市集 & 跳蚤市场
关于定期市场的信息请查看：www.antiques-atlas.com。

伦敦的市集

Portobello Road Market
Portobello Road, W11
www.portobelloroad.co.uk
每周六，8 点—17 点。

Brick Lane Market
London, E1
www.visitbricklane.org
每周日，10 点—17 点。

Bermondsey Antiques Market
Bermondsey Square,
London, SE1
每周五，6 点—14 点。

Camden Market
Camden High Street,
London, NW1
www.camdenlock.net
每日。

Greenwich Market
Greenwich High Road,
London, SE10 9HZ
www.greenwichmarket.londan
古董及收藏品每周一、二、四、五，10 点—17 点半。

涂料

Auro Organic Paints
+44(0)1452 772020
www.auro.co.uk
柔和的天然乳漆、蛋壳和白垩涂料。还有地板饰面和木用漆。

Earth Born
+44(0)1928 734171
www.earthbornpaints.co.uk
环保漆。

美国

家具家饰

ABC Carpet & Home
888 Broadway
New York, NY 10003
+01 212 473 3000
www.abchome.com
可在官网查询其他分店。
不拘一格的家具、亚麻织物、地毯和其他家饰用品。

Anthropologie
www.anthropologie.com
独一无二的家饰用品，包括装饰钩，盒子，橱柜把手和架子等。

Counter Space
www.shopcounterspace.com
提供美丽、简洁、实用的产品；既有当代家居用品（包括日本器物），也有优选的家居家饰旧物。

Fishs Eddy
889 Broadway
New York, NY 10003
+01 212 420 9020
www.fishseddy.com
简单的可堆叠盘子及其他餐具。

Home Stories
148 Montague Street
Brooklyn, NY 11201
+01 718 855 7575
www.homestories.com
欧洲风格的优雅极简家具及家饰，店内布置也十分漂亮。

Knoll
www.knoll.com
标志性的经典现代家具及人体工学灯具。

Ochre
462 Broome Street
New York, NY 10013
+01 212 414 4332
www.ochre.net
当代家具、古董、家饰及灯具。

Pottery Barn
www.potterybarn.com
当代家具及家饰。

R&Company
82 Franklin Street
New York, NY 10013
+01 212 343 7979
www.r-and-company.com
中古风格家具及灯具。

Restoration Hardware
www.restorationhardware.com
再生硬件设施、灯具、家具、洗浴用品以及家饰用品。

古董市集 & 跳蚤市场

Brimfield Antique Show
Route 20
Brimfield, MA 01010
www.brimfieldshow.com
著名跳蚤市场，汇集来自全美乃至欧洲的交易者，每年 5 月、7 月、9 月各开放一周。

Englishtown Auction Sales
90 Wilson Avenue
Englishtown, NJ 07726
+01 732 446 9644
www.englishtownauction.com
这个占地四十万平方米的市场对专业和业余的交易者都极具吸引力，每周六日，8 点—16 点。

Hell's Kitchen Flea Market
West 39th Street at 9th Avenue
New York, NY 10018
www.annexmarkets.com
每周六、日，9 点—17 点。

Rose Bowl Flea Market
100 Rose Bowl Drive
Pasadena, CA 91103
+01 323 560 7469
www.rgcshows.com
每月第二个周日开放，从媚俗到精致的家具应有尽有。

古建筑修复及旧物

Architectural Accents
2711 Piedmont Road NE
Atlanta, GA 30305
+01 404 266 8700
www.architecturalaccents.com
古董灯具、大门配件、园艺用品和其他回收物品。

Caravati's Inc.
104 East Second Street
Richmond, VA 23224
+01 804 232 4175
www.caravatis.com
来自旧建筑的回收材料及建筑配件。

Harrington Brass Works
+01 201 818 1300
www.harringtonbrassworks.com

用于厨房等的回收黄铜配件，特别是水龙头，也包括卫浴产品。

Old Good Things
Union Square
5 East 16th Street
New York, NY 10003
www.ogtstore.com
专于古建旧物的连锁店铺，在纽约市、洛杉矶市、宾夕法尼亚州和得克萨斯州均有网点。

Ruby Beets Old & New
25 Washington Street
PO BOX 1174
Sag Harbor, NY 11963
+01 631 899 3275
www.rubybeets.com
装饰用旧物以及当代家具、灯具、家饰、艺术品及摄影作品。

Salvage One
1840 W. Hubbard
Chicago, IL 60622
+01 312 733 0098
www.salvageone.com
旧物抢救性回收。

Vermont Salvage
www.vermontsalvage.com
旧物抢救性回收，包括暖气及壁炉架。

Signature Hardware
2700 Crescent spring Pike
Erlanger, KY 41017
+01 866 855 2284
www.signaturehardware.com
仿真复制爪式支架浴缸、嵌入式水池、柱基水池、支架水池、托帕兹（Topaz）黄铜浴缸等。

涂料

Benjamin Moore Paints
www.benjaminmoore.com
源于威廉斯堡殖民地时期的美国涂料制造商，其原创涂料拥有二百五十年的历史。

The Old Fashioned Milk Paint Company
436 Main Street
Groton, MA 01450
+01 978 448 6336
www.milkpaint.com
天然涂料，可复制殖民地风格和夏克风格家具表面的色泽。

Old Village Paint
www.old-village.com
诞生于 1816 年的涂料制造商，提供再现殖民地时期、邦联时期美国及维多利亚时代英国色彩的涂料及清漆。

图片信息

说明： a= 上 , b= 下 , r= 右 , l= 左 , c= 中 .

所有图片均由德比· 特雷洛尔（Debi Treloar）拍摄。

文前 1 海伦和康莱德·阿达姆齐夫斯基，刘易斯；**文前 2** 帕尔玛丁香的设计师珍妮·杰克逊伦敦的家；**文前 3** OCHRE 店铺主管之一伦敦的家；**文前 4** 帕尔玛丁香的设计师珍妮·杰克逊伦敦的家；**1** 海伦和康莱德·阿达姆齐夫斯基，刘易斯；**2a** 马克和莎莉在赫里福德郡的家；**2b** 海伦和康莱德·阿达姆齐夫斯基，刘易斯；**3** 帕尔玛丁香的设计师珍妮·杰克逊伦敦的家；**4** 马克和莎莉在赫里福德郡的家；**5** 茱莉亚·伯德在康沃尔郡的家；**6–7** 朱利安·斯泰尔在伦敦的家兼工作室；**8** 茱莉亚·伯德在康沃尔郡的家；**9l** 设计师伊迪丝·梅扎德在卢米埃的家；**9r** 马克和莎莉在赫里福德郡的家；**10l** 茱莉亚·伯德在康沃尔郡的家；**10r** 海伦和康莱德·阿达姆齐夫斯基，刘易斯；**11** 茱莉亚·伯德在康沃尔郡的家；**12** 位于吕贝隆的赛尼翁的“景观客厅”；**13al** 朱利安·斯泰尔在伦敦的家兼工作室；**13ar，br** 茱莉亚·伯德在康沃尔郡的家；**13bl** 设计师伊迪丝·梅扎德在卢米埃的家；**14bl** 设计师伊迪丝·梅扎德在卢米埃的家；**14br** 位于吕贝隆的赛尼翁的“景观客厅”；**15a** 卡迪公司，出自贝丝·尼尔森；**15b** 海伦和康莱德·阿达姆齐夫斯基，刘易斯；**16** 位于吕贝隆的赛尼翁的“景观客厅”；**17l** 马克和莎莉在赫里福德郡的家；**17c** 位于吕贝隆的赛尼翁的“景观客厅”；**17r** 莎隆和保罗·莫恩辛斯基位于法国博尼约的家；**18l** 凯瑟琳和皮埃尔·朗格瓦（Catherine & Pierre Langlois）位于巴黎的中国咖啡馆（Le Café Chinois，7 rue de Bearn，75003 Paris）；**18r** 位于吕贝隆的赛尼翁的“景观客厅”；**19** 帕尔玛丁香的设计师珍妮·杰克逊伦敦的家；**20al** 莎隆和保罗·莫恩辛斯基位于法国博尼约的家；**20ac** 海伦和康莱德·阿达姆齐夫斯基，刘易斯；**20ar** 位于吕贝隆的赛尼翁的“景观客厅”；**20bl** 凯瑟琳和皮埃尔·朗格瓦位于巴黎的中国咖啡馆；**20br** 朱利安·斯泰尔在伦敦的家兼工作室；**21** 莎隆和保罗·莫恩辛斯基位于法国博尼约的家；**22–23** OCHRE 店铺主管之一伦敦的家；**24，25r** 帕尔玛丁香的设计师珍妮·杰克逊伦敦的家；**25l** 凯瑟琳和皮埃尔·朗格瓦位于巴黎的中国咖啡馆；**26–27** 海伦和康莱德·阿达姆齐夫斯基，刘易斯；**27r** 帕尔玛丁香的设计师珍妮·杰克逊伦敦的家；**28** 朱利安·斯泰尔在伦敦的家兼工作室；**29** 设计师伊迪丝·梅扎德在卢米埃的家；**30** 帕尔玛丁香的设计师珍妮·杰克逊伦敦的家；**31l** 海伦和康莱德·阿达姆齐夫斯基，刘易斯；**31r** 卡迪公司，出自贝丝·尼尔森；**32** 海伦和康莱德·阿达姆齐夫斯基，刘易斯；**33al** 马克和莎莉在赫里福德郡的家；**33ar** 卡迪公司，出自贝丝·尼尔森；**33b** 茱莉亚·伯德在康沃尔郡的家；**34a，35** 朱利安·斯泰尔在伦敦的家兼工作室；**34b** 帕尔玛丁香的设计师珍妮·杰克逊伦敦的家；**36la** 卡迪公司，出自贝丝·尼尔森；**36ra** 马克和莎莉在赫里福德郡的家；**36lc** 海伦和康莱德·阿达姆齐夫斯基，刘易斯；**36lb** 马克和莎莉在赫里福德郡的家；**36rb** 设计师伊迪丝·梅扎德在卢米埃的家；**37al** 马克和莎莉在赫里福德郡的家；**37ar** 海伦和康莱德·阿达姆齐夫斯基，刘易斯；**37b** 卡迪公司，出自贝丝·尼尔森；**38–39l，c** 马克和莎莉在赫里福德郡的家；**39r** 理查德·莫尔位于伦敦的家；**40r** 马克和莎莉在赫里福德郡的家；**41** 莎隆和保罗·莫恩辛斯基位于法国博尼约的家；**42a，cl** 理查德·莫尔位于伦敦的家；**42cr** 马克和莎莉在赫里福德郡的家；**42b** 位于吕贝隆的赛尼翁的“景观客厅”；**43** 马克和莎莉在赫里福德郡的家；**44** 茱莉亚·伯德在康沃尔郡的家；**45l** 设计师伊迪丝·梅扎德在卢米埃的家；**45r** 弗朗索瓦·多吉（François Dorget）的“大篷车”；**46** 弗朗索瓦·多吉的“大篷车”；**47** 莎隆和保罗·莫恩辛斯基位于法国博尼约的家；**48al** 弗朗索瓦·多吉的“大篷车”；**48ac** 帕尔玛丁香的设计师珍妮·杰克逊伦敦的家；**48ar，b** 卡迪公司，出自贝丝·尼尔森；**49** lsl 建筑公司的安吉·林德和皮埃尔·萨尔伯格位于巴黎的家；**50** 马克和莎莉在赫里福德郡的家；**51l** 设计师伊迪丝·梅扎德在卢米埃的家；**51r** 海伦和康莱德·阿达姆齐夫斯基，刘易斯；**52a，53** 马克和莎莉在赫里福德郡的家；**52b** 茱莉亚·伯德在康沃尔郡的家；**54** 马克和莎莉在赫里福德郡的家；**55a** 卡迪公司，出自贝丝·尼尔森；**55b** 设计师伊迪丝·梅扎德在卢米埃的家；**56** 帕尔玛丁香的设计师珍妮·杰克逊伦敦的家；**57l** 凯瑟琳和皮埃尔·朗格瓦位于巴黎的中国咖啡馆；**57r** 位于吕贝隆的赛尼翁的“景观客厅”；**58** 茱莉亚·伯德在康沃尔郡的家；**60–61** 马克和莎莉在赫里福德郡的家；**61rb** 理查德·莫尔位于伦敦的家；**62** 帕尔玛丁香的设计师珍妮·杰克逊伦敦的家；**63** 马克和莎莉在赫里福德郡的家；**64** 莎隆和保罗·莫恩辛斯基位于法国博尼约的家；**65** OCHRE 店铺主管之一伦敦的家；**66** 莎隆和保罗·莫恩辛斯基位于法国博尼约的家；**67** 海伦和康莱德·阿达姆齐夫斯基，刘易斯；**68，69l** 帕尔玛丁香的设计师珍妮·杰克逊伦敦的家；**69r** 理查德·莫尔位于伦敦的家；**70** 茱莉亚·伯德在康沃尔郡的家；**71** 帕尔玛丁香的设计师珍妮·杰克逊伦敦的家；**72l** 朱利安·斯泰尔在伦敦的家兼工作室；**72–73** 理查德·莫尔位于伦敦的家；**73ra** 茱莉亚·伯德在康沃尔郡的家；**73rb，74** 理查德·莫尔位于伦敦的家；**75al** 马克和莎莉在赫里福德郡的家；**75ac** 茱莉亚·伯德在康沃尔郡的家；**75ar** 莎隆和保罗·莫恩辛斯基位于法国博尼约的家；**75bl** 理查德·莫尔位于伦敦的家；**75br** 马克和莎莉在赫里福德郡的家；**76–77** 茱莉亚·伯德在康沃尔郡的家；**78–79** 帕尔玛丁香的设计师珍妮·杰克逊伦敦的家；**80al** lsl 建筑公司的安吉·林德和皮埃尔·萨尔伯格位于巴黎的家；**80ar** 卡迪公司，出自贝丝·尼尔森；**80b** OCHRE 店铺主管之一伦敦的家；**81l，r** 马克和莎莉在赫里福德郡的家；**81c** OCHRE 店铺主管之一伦敦的家；**82–83** 海伦和康莱德·阿达姆齐夫斯基，刘易斯；**84** 位于吕贝隆的赛尼翁的“景观客厅”；**85bl** 理查德·莫尔位于伦敦的家；**85br** 莎隆和保罗·莫恩辛斯基位于法国博尼约的家；**86a** 朱利安·斯泰尔在伦敦的家兼工作室；**86b** 设计师伊迪丝·梅扎德在卢米埃的家；**87** 茱莉亚·伯德在康沃尔郡的家；**88** 莎隆和保罗·莫恩辛斯基位于法国博尼约的家；**89a** 理查德·莫尔位于伦敦的家；**89bl** lsl 建筑公司的安吉·林德和皮埃尔·萨尔伯格位于巴黎的家；**89br** 海伦和康莱德·阿达姆齐夫斯基，刘易斯；**90** 马克和莎莉在赫里福德郡的家；**91** 设计师伊迪丝·梅扎德在卢米埃的家；**92–93** lsl 建筑公司的安吉·林德和皮埃尔·萨尔伯格位于巴黎的家；**94** 海伦和康莱德·阿达姆齐夫斯基，刘易斯；**95–96b** 凯瑟琳和皮埃尔·朗格瓦位于巴黎的中国咖啡馆；**96a–97** 朱利安·斯泰尔在伦敦的家兼工作室；**98–99** OCHRE 店铺主管之一伦敦的家；**100** 马克和莎莉在赫里福德郡的家；**101al，cr，b** 莎隆和保罗·莫恩辛斯基位于法国博尼约的家；**101cl** 帕尔玛丁香的设计师珍妮·杰克逊伦敦的家；**102al** 马克和莎莉在赫里福德郡的家；**102ar，c** 凯瑟琳和皮埃尔·朗格瓦位于巴黎的中国咖啡馆；**102bl** 理查德·莫尔位于伦敦的家；**102br** 朱利安·斯泰尔在伦敦的家兼工作室；**103** 马克和莎莉在赫里福德郡的家；**104** 茱莉亚·伯德在康沃尔郡的家；**106–107** 位于吕贝隆的赛尼翁的“景观客厅”；**108–109l** lsl 建筑公司的安吉·林德和皮埃尔·萨尔伯格位于巴黎的家；**109r–111** 海伦和康莱德·阿达姆齐夫斯基，刘易斯；**113–114** 海伦和康莱德·阿达姆齐夫斯基，刘易斯；**115** 理查德·莫尔位于伦敦的家；**116–117** OCHRE 店铺主管之一伦敦的家；**118–119** 帕尔玛丁香的设计师珍妮·杰克逊伦敦的家；**120–121** 海伦和康莱德·阿达姆齐夫斯基，刘易斯；**122** 茱莉亚·伯德在康沃尔郡的家；**123l** 莎隆和保罗·莫恩辛斯基位于法国博尼约的家；**123r** 马克和莎莉在赫里福德郡的家；**124–125** lsl 建筑公司的安吉·林德和皮埃尔·萨尔伯格位于巴黎的家；**126，127r** 莎隆和保罗·莫恩辛斯基位于法国博尼约的家；**127l** 帕尔玛丁香的设计师珍妮·杰克逊伦敦的家；**128** OCHRE 店铺主管之一伦敦的家；**129** 海伦和康莱德·阿达姆齐夫斯基，刘易斯；**130–131** lsl 建筑公司的安吉·林德和皮埃尔·萨尔伯格位于巴黎的家；**132–133a，c** 马克和莎莉在赫里福德郡的家；**134–135** 茱莉亚·伯德在康沃尔郡的家；**136，137b** 海伦和康莱德·阿达姆齐夫斯基，刘易斯；**137a** 设计师伊迪丝·梅扎德在卢米埃的家；**138a，139** 帕尔玛丁香的设计师珍妮·杰克逊伦敦的家；**140–141l** 马克和莎莉在赫里福德郡的家；**141r** 朱利安·斯泰尔在伦敦的家兼工作室；**142** 海伦和康莱德·阿达姆齐夫斯基，刘易斯；**143** 马克和莎莉在赫里福德郡的家；**144** 莎隆和保罗·莫恩辛斯基位于法国博尼约的家；**145–146** 马克和莎莉在赫里福德郡的家；**147** 帕尔玛丁香的设计师珍妮·杰克逊伦敦的家。

阿达姆齐夫斯基 Adamczewski
196 High Street
Lewes
East Sussex BN7 2NS
文前 2, P1, 2b, 10r, 15b, 20ac, 26–27, 31l, 32, 36lc, 37ar,51r, 67, 82–83, 89b, 94, 109r–111, 113–114, 120–121, 129, 136& 137b, 142

贝利家居 Baileys
Whitecross Farm
Bridstow
Ross-on-Wye
Herefordshire HR9 6JU
+44 (0)1989 563015
www.baileyshome.com
文前 3, P2a, 4, 9r, 17l, 33ar,36ra, 36lb, 37al,38–39, 40r, 42cr, 43, 50, 52a,52, 54, 60–61, 63, 75al, 75br,81l&r, 90, 100, 102al, 103, 123r,132–133a, 133c, 140, 141l, 143,145–146

伯德 bird...inspired by nature
3 Custom House Hill
Fowey
Cornwall PL23 1AB
+44 (0) 1726 833737
&
49 Molesworth Street
Wadebridge
Cornwall PL27 7DR
info@birdkids.co.uk
www.birdkids.co.uk
P5, 8, 10l, 11, 13ar & br,33b, 44, 52b, 58, 70, 73ra, 75ac,76–77, 87, 104, 122, 134–135

中国咖啡馆 Le Café Chinois
Café Salon de Thés
Boutique Objets d' Asie
7, rue de Béarn
75003 Paris
+33 (0) 1 42 71 47 43
www.lecafechinois.fr
P18l, 20bl, 25l, 57l, 95, 96b,102ar, 106c

大篷车 Caravane
6 rue Pavée
75004 Paris
+33 (0) 1 44 61 04 20
P45r, 46, 48al

"景观客厅" 艺廊及旅店 "Chambre de séjour avec vue…" – Demeure d' art et d' hôtes
84400 Saignon-en-Lubéron
France
www.chambreavecvue.com
P12, 14br, 16, 17c, 18r, 20ar,42b, 57r, 84, 106–107

卡迪公司 Khadi & Co
Emporium
37 rue Debelleyme
75003 Paris
France
+33 (0) 1 42 74 71 32
fax +33 (0) 1 44 59 84 65
khadiandco@hotmail.com
www.khadiandco.com
文前 1, P15a, 31r, 33ar, 36la, 37b, 48ar&b, 55a, 80ar

lsl 建筑公司 lsl architects
33 rue d' Hauteville
75010 Paris
+33 (0) 1 48 00 09 65
fax +33 (0) 1 48 00 09 31
www.lslarchitects.com
P49, 80al, 89bl, 92–97, 108–109l, 124–125, 130–131

伊迪丝·梅扎德 Edith Mézard
Chateau de L'Ange
84220 Lumières
France
P9l, 13bl, 14bl, 29, 36rb,45l, 51l, 55b, 86b, 91, 137a

理查德·莫尔 Richard Moore
零售业创意顾问
Scenographic
+44 (0)7958 740045
www.scenographic.blogspot.com
P39b, 42a, 42cl, 61rb, 69r,72–73, 73rb, 74, 75bl, 85bl, 89a,102bl, 115

莎隆和保罗·莫恩辛斯基 Sharon & Paul Mrozinski
The Marston House
Main Street at Middle Street
PO Box 517
Wiscasset
Maine 04578
+ 1 207 882 6010
fax + 1 207 882 6965
sharon@marstonhouse.com
www.marstonhouse.com
P17r, 20al, 21, 41, 47, 64, 66,75ar, 85r, 88, 101al, 101cr, 101b,123l, 126, 127r, 144

OCHRE 伦敦店 OCHRE London Ltd.
+44 (0)870 787 9242
www.ochre.net
文前 5, P22–23, 65, 80b, 81c,98–99, 116–117, 128

帕尔玛丁香 Parma Lilac
98 Chepstow Road
London W10 6EP.
(Visits by appointment)
+44 (0)20 7912 0882
info@parmalilac.co.uk
文前 4, 6, P3, 19, 24, 25r, 27r, 30, 34b, 48ac, 56, 62, 68–69l, 71,78–79, 101cl, 118–119, 127l, 138a,139, 147

朱利安·斯泰尔 Julian Stair
工作室
52a Hindmans Road
London SE22 9NG
+44 (0)20 8693 4877
studio@julianstair.com
www.julianstair.com
P6–7, 13al, 20br, 28, 34a,35, 72l, 86a, 96a, 97, 102br, 141r

致谢

这本书是关于伦敦、巴黎、康沃尔、赫里福德郡和法国南部的疯狂大串烧。我们在伦敦被收取超额停车费，在巴黎狭窄的鹅卵石街道上晕头转向，扛着装满沉重的摄影器材的行李蹒跚而行。不过，这一切都是值得的，非常感谢那些将自己简单的家敞开大门，并热情迎接我们的人们，特别是：

海伦和康莱德·阿达姆齐夫斯基（Helene & Konrad Adamczewski），给我们上了“克制”的一课。谢谢你们的午餐。

创意顾问理查德·莫尔及其令人惊叹的小空间使用课程。

帕尔玛丁香的珍妮·杰克逊（Janie Jackson），他们的展厅可预约参观。

索伦娜·达·拉·福查迪埃（Solenne da la Fouchardiere），伦敦和纽约 OCHRE 合作机构设计师和成员。

朱利安·斯泰尔和克莱尔·威尔科克斯（Claire Wilcox），我们想葬在朱利安设计的令人惊叹的石棺里。

甘姆和茱莉亚·伯德（Gum & Julia Bird），祝新商店开业大吉。非常感谢你们的午餐和晚餐。

肯和苏珊·布里格斯（Ken & Susan Briggs），善良大方，艺术界的慷慨赞助者。

“景观客厅”艺廊及旅店的皮埃尔·雅克考德（Pierre Jaccaud）。我们享用了床、艺术和早餐，以及一堂生动的策展课程。

卡迪公司的贝丝·尼尔森是名副其实的手工纺织、手工染色纺织品女王。

lsl 建筑公司的安吉·林德和皮埃尔·萨尔伯格，他们对细节的关注令人敬佩。

伊迪丝·梅扎德（Edith Mézard）让我们进入了她的家、展示厅和工作室，并且招待我们去她儿子开在隔壁的“车库”餐厅（Le Garage）用餐。

大篷车，充满灵感的家具和纺织品展厅。

莎隆和保罗·莫恩辛斯基，聪慧过人。

马克和莎莉还想感谢艾莉森、莱斯利、德尔菲、保罗和杰西（感谢你再次容忍我们）以及莱兰·皮特斯 & 斯莫尔出版社（Ryland Peters & Small）的其他伙伴。

感谢德比·特雷洛尔，我们最棒的摄影师，永远淡定冷静，与她合作令人快乐无比。同时还要感谢她的助理洛玛，平时经常把我们逗笑，工作时又非常专注。

非常感谢夏洛特·法默（Charlotte Farmer），他在我们的咖啡馆写作时喝了无数杯咖啡。

最后，还要感谢本、露西、劳拉、克里斯汀还有贝利家居的所有人。